世界野生烟草植物图典

（1522—2022）

WORLD WILD TOBACCO
PLANT ATLAS

♦ ♦ ♦

蔡爱梅 —— 著

海峡出版发行集团 THE STRAITS PUBLISHING & DISTRIBUTING GROUP | 福建科学技术出版社 FUJIAN SCIENCE & TECHNOLOGY PUBLISHING HOUSE

图书在版编目（CIP）数据

世界野生烟草植物图典：1522—2022 / 蔡爱梅著．
—福州：福建科学技术出版社，2023.12
ISBN 978-7-5335-7065-1

Ⅰ.①世…　Ⅱ.①蔡…　Ⅲ.①野生植物－烟草－
世界－图集　Ⅳ.① Q949.777.7-64

中国国家版本馆 CIP 数据核字（2023）第 124928 号

书　　名　世界野生烟草植物图典（1522—2022）
著　　者　蔡爱梅
出版发行　福建科学技术出版社
社　　址　福州市东水路 76 号（邮编 350001）
网　　址　www.fjstp.com
经　　销　福建新华发行（集团）有限责任公司
印　　刷　当纳利（广东）印务有限公司
开　　本　720 毫米 ×1020 毫米　1 / 16
印　　张　18.25
字　　数　200 千字
版　　次　2023 年 12 月第 1 版
印　　次　2023 年 12 月第 1 次印刷
书　　号　ISBN 978-7-5335-7065-1
定　　价　198.00 元

前言

Foreword

烟草在心智超越和物质利益极大化两方面旨于人类，世界上恐怕没有哪种植物能与其比肩。国内所有权威人士和媒体都不断重复强调“烟草起源于明代”，解决不相信前人结论的唯一出路只能去寻找证据，去深入探研。作者历时30多年潜心研究烟草历史，在烟草人文考古与野生烟草植物两个领域的研究均取得积极成果。在烟草人文考古方面，采用rDNA人类遗骸尼古丁残留数据与考古遗址文物相映射，将烟草起源推至新石器时代；采用符号学理论和人工智能方法研究数千烟草神话，探得中国文字起源与音韵绝学统一指事（烟草）模型等。为了与自新石器以来的甲骨文、金文文字符号，玉石青铜简帛等纹样、图录和书写符号相比对，不得不将所有野生烟草种类悉数找全，由此产生了这本用于辅助烟草考古的科普图典工具书。

现代野生烟草植物物种前沿领军研究旨于植物界与农作物界具有无可替代、不可或缺的重要作用：野生烟草植物被用作研究自然种群中植物防御反应演变的模型系统，被用作研究多倍体现象基因组重排的模型，被用作模式作物等。

我国烟草受烟草专卖法保护，实行行业垄断经营，普通烟草和黄花烟草近年均有超万亿的利润与利税贡献，目前培育出的普通烟草和黄花烟草的“子孙”已超5千品种。这些人工培育的品种，在无法抵御各种病害、虫害时，野生烟草便成为了它们特殊的靶向救星，为此我国陆续引进了36种野生烟草。然而，野生烟草命运多舛，慧识其珍者了了。谁来关心野生烟草植物的濒危命运呢？

承蒙福建科技出版社的肯定，以及家人和朋友们的支持，本书得以顺利出版，将避世隐阈的野生烟草聚合展示，期盼引发缘贤志士对野生烟草的保护意识，以及对古代中国人文精华和现代前沿人文理论与自然科技研究的兴趣。本书所有图片均由本人历时30余年收集、整理、修复、摄影和制作。

目录

Contents

1 | 绪论

关于本书 / 2
烟草起源问题 / 8
烟属分类概要 / 13
烟草命名法则 / 25
种质资源保护 / 27
野生烟草价值 / 29

33 | 第一章　名人巨匠与野生烟草图谱

林恩哈特 · 法奇 / 34
小花烟草（Nicotiana Mas Minor）/ 35
蓝伯特 · 多东斯 / 36
黄花烟草（Nicotiana rustica）/ 37
查尔斯 · 勒克鲁斯 / 38
普通烟草（Nicotiana tabacum）/ 39
黄花烟草（Nicotiana rustica）/ 39
尼古拉 · 鲍蒂斯塔 · 莫纳德斯 / 40
普通烟草（Nicotiana tabacum）/ 41
皮埃尔 · 佩纳/ 42
马蒂阿斯 · 德 · 罗贝尔/42
普通烟草（Nicotiana tabacum）/ 43
卡斯帕 · 伯根 / 44
巴比德烟草（Nicotiana burbidgeae）/ 45
黄花烟草（Nicotiana rustica）/ 47、49
普米尔 · 查尔斯 / 50
弗里斯 · 科尔达托 – 克若纳提烟草（Nicotiana foliis cordato-crenatis）/ 51
约瑟夫 · 皮顿 · 图内福尔 / 52
烟草花及蒴果 / 53

威廉·塞蒙 / 54
黄花烟草（Nicotiana rustica） / 55
伊丽莎白·布莱克韦尔 / 56
小花烟草（Nicotiana minor） / 57、59
林奈·卡尔 ·冯 / 60
普通烟草（Nicotiana tabacum） / 61、62
黏烟草（Nicotiana glutinosa） / 63
佩特鲁斯·坎波 / 64
烟草靶向危害图 / 65
约翰内斯 · 佐恩 / 66
普通烟草（Nicotiana tabacum） / 67
黄花烟草（Nicotiana rustica） / 69
詹姆斯 ·爱德华·史密斯 / 70
普通烟草（Nicotiana tabacum）及烟草天蛾 / 71
何塞·安东尼 · 帕翁 / 72
窄叶烟草（Nicotiana angustifolia） / 73
波叶烟草（Nicotiana undulata） / 73
绒毛烟草（Nicotiana tomentosa） / 75
圆锥烟草（Nicotiana paniculata） / 75
艾蒂安·皮埃尔·文森奈特 / 76
波叶烟草（Nicotiana undulata） / 77
威廉·伍德维尔 / 78
普通烟草（Nicotiana tabacum） / 79、81
尼古拉·约瑟夫·弗莱歇尔·冯·雅克 / 82
皱叶烟草（Nicotiana crispa） / 83
波叶烟草（Nicotiana undulata） / 85
威廉 · 柯蒂斯 / 86
威廉·杰克逊 · 胡克 / 86
夸德瑞伍氏烟草（Nicotiana quadrivalvis） / 87
西德纳姆·提斯特·爱德华兹 / 88
波叶烟草（Nicotiana undulata） / 89
蓝格斯多夫烟草（Nicotiana langsdorffii） / 91
浅波烟草（Nicotiana repanda） / 93
夜花烟草（Nicotiana noctiflora） / 95
渐尖叶烟草（Nicotiana acuminata） / 97
香烟草（Nicotiana fragrans） / 99
达尔文·查尔斯·罗伯特 / 100
渐尖叶烟草（Nicotiana acuminata） / 101
普通烟草变种（Nicotiana tabacum Var. fruticosa） / 103
绒毛烟草（Nicotiana tomentosa） / 105
林烟草（Nicotiana sylvestris） / 107
福尔吉特氏烟草（Nicotiana forgetiana） / 109
矮牵牛烟草（Nicotiana integrilolia） / 111
维兹 · 费迪南德 · 伯恩哈德 / 112
普通烟草（Nicotiana tabacum） / 113
雅各布·比奇洛 / 114
普通烟草（Nicotiana tabacum） / 115
姆欧替委斯烟草（Nicotiana multivalvis） / 117
那那烟草（Nicotiana nana） / 119
约瑟夫·罗克 / 120
黄花烟草（Nicotiana rustica） / 121
米歇尔·艾蒂安 · 第斯科提斯 / 122
普通烟草（Nicotiana tabacum） / 123
丹尼尔·瓦格纳 / 124
普通烟草（Nicotiana tabacum） / 125
约翰 · 林德利 / 126
佩尔西卡烟草（Nicotiana persica） / 127
让 · 亨利 · 若姆 · 圣 · 希莱尔 / 128

矮牵牛花烟草（Nicotiana axillaris）/ 129
阿兹特克烟草（Aztec tobacco）/ 131
黏烟草（Nicotiana glutinosa）/ 133
查尔斯·安东尼·勒梅尔 / 134
黏烟草（Nicotiana glutinosa）/ 135
塞里诺 · 沃森 / 136
渐狭叶烟草（Nicotiana attenuata）/ 137
毕基劳氏烟草（Nicotiana bigelovii）/ 137
查尔斯·弗朗索瓦·安托万·莫伦 / 138
查尔斯·雅克·爱德华·莫伦 / 138
芹叶烟草（Nicotiana wigandioides）/ 139
赫尔曼·阿道夫·科勒 / 140
黄花烟草（Nicotiana rustica）/ 141
普通烟草（Nicotiana tabacum）/ 143
印第安烟草（Indian tobacco）/ 145
加勒特·约翰 / 146
尼克尔森·乔治 / 146
杰姆斯·威廉·海伦斯 / 146
尖花烟草（Nicotiana acutiflora）/ 147
香甜烟草（Nicotiana suaveolens）/ 148
普通烟草（Nicotiana tabacum）/ 149
芹叶烟草（Nicotiana wigandioides）/ 151
查尔斯·弗雷德里克·米尔斯波 / 152
普通烟草（Nicotiana tabacum）/ 153
西尔维斯特里烟草（Nicotiana silvestris）/ 155
纳撒尼尔·劳德·布里顿 / 156
黄花烟草（Nicotiana rustica）/ 156
长花烟草（Nicotiana longiflora）/ 157
古特斯皮德·托马斯·哈珀 / 158
古特斯皮德氏烟草（Nicotiana goodspeedii）/ 159

161 | 第二章　野生烟草生态多样化图目

从生烟草（Nicotiana acaulis）/ 162
非洲烟草（Nicotiana africana）/ 163
花烟草（Nicotiana alata）/ 164
阿米基诺氏烟草（Nicotiana ameghinoi）/ 165
抱茎烟草（Nicotiana amplexicaulis）/ 166
阿伦特氏烟草（Nicotiana arentsii）/ 167
贝纳未特氏烟草（Nicotiana benavidesii）/ 168
本塞姆氏烟草（Nicotiana benthamiana）/ 169
博内里烟草（Nicotiana bonariensis）/ 170
巴比德烟草（Nicotiana burbidgeae）/ 171
洞生烟草（Nicotiana cavicola）/ 172
克利夫兰氏烟草（Nicotiana clevelandii）/ 173
心叶烟草（Nicotiana cordifolia）/ 174
伞状烟草（Nicotiana corymbosa）/ 175
卡特勒烟草（Nicotiana cutleri）/ 176
迪勃纳氏烟草（Nicotiana debneyi）/ 177
高烟草（Nicotiana excelsior）/ 178
稀少烟草（Nicotiana exigua）/ 179
福斯克拉烟草（Nicotiana faucicola）/ 180
福斯特里烟草（Nicotiana forsteri）/ 181
甘达雷拉烟草（Nicotiana gandarela）/ 182
加斯科伊尼察烟草（Nicotiana gascoynica）/ 183

哥西氏烟草（Nicotiana gossei）/ 184
西烟草（Nicotiana hesperis）/ 185
赫特阮斯烟草（Nicotiana heterantha）/ 186
因古儿巴烟草（Nicotiana ingulba）/ 187
奈特氏烟草（Nicotiana knightiana）/ 188
狭叶烟草（Nicotiana linearis）/ 189
长苞烟草（Nicotiana longibracteata）/ 190
长花烟草（Nicotiana longiflora）/ 191
大叶藻烟草（Nicotiana macrophylla）/ 192
海滨烟草（Nicotiana maritima）/ 193
特大管烟草（Nicotiana megalosiphon）/ 194
摩西氏烟草（Nicotiana miersii）/ 195
姆特毕理斯烟草（Nicotiana mutabilis）/ 196
内索菲拉烟草（Nicotiana nesophila）/ 197
裸茎烟草（Nicotiana nudicaulis）/ 198
欧布特斯烟草（Nicotiana obtusifolia）/ 199
西方烟草（Nicotiana occidentalis）/ 200
耳状烟草（Nicotiana otophora）/ 201
帕欧姆烟草（Nicotiana palmeri）/ 202
圆锥烟草（Nicotiana paniculata）/ 203
黄花烟草（Nicotiana rustica）/ 203
少花烟草（Nicotiana pauciflora）/ 204
碧冬烟草（Nicotiana petunioides）/ 205
蓝茉莉叶烟草（Nicotiana plumbaginifolia）/ 206
雷蒙德氏烟草（Nicotiana raimondii）/ 207
莲座叶烟草（Nicotiana rosulata）/ 208
圆叶烟草（Nicotiana rotundifolia）/ 209
鲁皮科拉烟草（Nicotiana rupicola）/ 210
奈特氏烟草（Nicotiana knightiana）/ 211
粉蓝烟草（Nicotiana glauca）/ 212
赛特氏烟草（Nicotiana setchellii）/ 213
拟似烟草（Nicotiana simulans）/ 214
茄叶烟草（Nicotiana solanifolia）/ 215
斯佩格茨烟草（Nicotiana spegazzinii）/ 216
斯特若卡帕烟草（Nicotiana stenocarpa）/ 217
斯托克通氏烟草（Nicotiana stocktonii）/ 218
蓝烟草（Nicotiana thyrsiflora）/ 219
绒毛烟草（Nicotiana tomentosa）/ 220
绒毛状烟草（Nicotiana tomentosiformis）/ 221
三角叶烟草（Nicotiana trigonophylla）/ 222
阴生烟草（Nicotiana umbratica）/ 223
阿姆布吉烟草（Nicotiana azambujae）/ 224
颤毛烟草（Nicotiana velutina）/ 225
法图伊文塞恩烟草（Nicotiana fatuhivensis）/ 226
莫若茨左卡帕烟草（Nicotiana monoschizocarpa）/ 227
弗里吉达烟草（Nicotiana frigida）/ 228
皮阿烟草（Nicotiana paa）/ 229
瓦尔帕烟草（Nicotiana walpa）/ 230
洋地咖烟草（Nicotiana yandinga）/ 231
伍开烟草（Nicotiana wuttkei）/ 232
霍斯金吉烟草（Nicotiana hoskingii）/ 233
伊塞克奇达烟草（Nicotiana insecticida）/ 234
卡里基尼烟草（Nicotiana karijini）/ 235
特大管烟草（Nicotiana megalosiphon）/ 236
默奇索尼卡烟草（Nicotiana murchisonica）/ 237
诺塔烟草（Nicotiana notha）/ 238
波利尼亚纳烟草（Nicotiana paulineana）/ 239
皮拉烟草（Nicotiana pila）/ 240

楚喀特烟草（Nicotiana truncata）/ 241
塞瑟利弗利亚烟草（Nicotiana sessilifolia）/ 242
拉哥亚那烟草（Nicotiana leguiana）/ 243
卡瓦卡米氏烟草（Nicotiana kawakamii）/ 244
菲尼斯烟草（Nicotiana affinis）/ 245
萨利纳烟草（Nicotiana salina）/ 246

249 | 第三章　野生烟草分类变迁及相关文献注释

66 种野生烟草名录及分组表（1979 年）/ 250
76 种野生烟草名录及分组表（2004 年）/ 252
82 种野生烟草名录及分组表（2020 年）/ 254
89 种野生烟草名录（2022 年）/ 258
纳普烟属分类系统 13 组特性表 / 260
野生烟草中译异名对照表 / 261
野生烟草种质名称、命名人及中译名（异名）索引 / 263
文献与注释 / 266

绪论

绪论部分聚焦 6 个方面：“关于本书”引介本书内容，高亮自然历史名家巨匠之人文特质；“烟草起源问题”以考古数据打破“烟草起源明代说”定论，提出以自然科学和人文科学实证烟草自然科学史和烟草人文史；“烟属分类概要”历时性和共时性地展现理论变迁对野生植物分类的影响；“烟草命名法则”简要谈及野生烟草名称和中译名问题；“种质资源保护”和“野生烟草价值”论及目前野生烟草资源普查、研究和保护等方面的情况，以及对野生烟草资源保护与研究的未来展望。

Introduction

关于本书

野生烟草植物物种相关研究一直处于植物研究理论与实践前沿领军地位：野生烟草植物被用作研究自然种群中植物防御反应演变的模型系统，被用作研究多倍体现象基因组重排的模型，被用作模式作物。野生烟草植物种质资源的重要性对整个农作物生物应用、遗传研究，特别是农作物病虫害治理等具有举足轻重和不可或缺的作用。而科普野生烟草植物物种尚属空白。2022 年，国际组织已认定的野生烟草植物共计 89 种，美国拥有全套烟草野生种，我国仅陆续引进并拥有 36 种。

《世界野生烟草植物图典（1522—2022）》（以下简称《图典》）收录 1522 年以来，源自德国、西班牙、法国、瑞士、英国、苏格兰、瑞典、荷兰、奥地利、美国、巴西、比利时、加拿大、澳大利亚以及佛兰德斯、加勒比海、西印度群岛和和南美洲北部等国家和地区的烟草历史研究与物种图牒 300 多幅，集成并绘制了 2022 年国际最新名录——89 种野生烟草图牒。

概览《图典》，可以一睹商业利益极高的普通烟草和黄花烟草植物之面相。近几年，我国普通烟草的商业利润，每年都有着超万亿的利润与利税贡献。本书，试图以另一视角管窥野生烟草植物的特殊面貌与命运。

从美术史视域看，《图典》可以品味速写、素描、水粉、油画等烟草绘画技法；从印刷史视域看，《图典》可以纵览木刻水印、木刻彩印、手工彩色雕版彩印、手工着色铜版水印、手工彩色石版和石版锌版套色印刷等烟草画的出版与印制工艺等；从名人巨匠视域看，《图典》可以管窥烟草植物物种画卷背后，植物探险家、物种收集家、研究家、画家、出版家等大家、巨匠们，伟大历史背景之一阙；从历史学与考古学视域看，野生烟草植物还是度量衡、神话学、文字学、音韵学、符号学等的基本模型（将在另外的专著中体现）。换句话说，《图典》可作为物种资源、考古学、人文历史学的比对工具书、基础图典和基础参考书。这些特殊的烟草符号，经过精细比对，可以在中国历史图牒制度性图录中找到其鲜明的映射符号（参见绪论烟草起源部分）。

由小花烟草珍贵手稿，敬识德国三大“草药学之父”之一的林恩哈特·法奇（Leonhart Fuchs，1501—1566）。林恩哈特·法奇以个人兴趣从事植物研究，其“流芳百世”的植物学、医学著作，特别是植物学图谱，在很长一段时期内被当作教学和医学研究资料，学生及医生们依靠它们来按图索骥。100 多年后的 1703 年，为了纪念他的开创性的工作，植物学家普米尔·查尔斯（Plumier Charles）将灯笼海棠（fuchsia）以法奇的名字命名。

佛兰德人被认为是世界上顶级聪明的人。两位佛兰德巨匠蓝伯特·多东斯（Rembert Dodoens，1517—1585）和查尔斯·勒克鲁斯（Charles de l'Écluse，1526—1609），他们所著书中的烟草被称为雅辛托斯（Hyacinthus Luteus）。希腊神话中的雅辛托斯（Hyacinthus）是太阳神阿波罗（Apollo）所钟爱的美少年，在被阿波罗误杀后，其血泊中长出风信子花。蓝伯特·多东斯的研究领域涉及医学、宇宙学和地理学等。为潜心研究，他拒绝了鲁汶大学的主席交椅，还拒绝成为西班牙皇帝菲利普二世的宫廷医生的提议。查尔斯·勒克鲁斯是 16 世纪最有影响力的园艺科学家和植物学先驱者，也是第一位将园艺科学化的学者，他还是医生以及人文主义者，被尊称为“美丽花园之父”。中国清代圆明园的设计与查尔斯·勒克鲁斯直接有关。

寻觅 16 世纪烟草传播履迹，可以在尼古拉·鲍蒂斯塔·莫纳德斯（Nicolás Bautista Monardes，1493—1588）的 *Historia medicinal de las cosas que se traen de nuestras Indias Occidentales*（万物医药史）中管窥。书中描述了印第安人如何使用

烟草与古柯植物。笔者有幸在美国布朗大学找到法国植物学家皮埃尔·佩纳（Pierre Pena，1535—1605）和法国法医学家马蒂阿斯·德·罗贝尔（Matthias de L’Obel，1538—1616）合著的，于1571年在英国伦敦出版的拉丁语著作 *stripium adversaria Nova*（新草药手记），书中的烟草图即源自尼古拉·鲍蒂斯塔·莫纳德斯。笔者在书中获得的更大收获是，皮埃尔·佩纳烟草图旁边加上了土著吸烟者形象，其烟管形状恰可与同时期的中国西南地区土司所用烟管相比较。

瑞士植物学家卡斯帕·伯根（Caspar Bauhin，1560—1624）的大部头巨著 *The Pinax theatri botanici*（植物图解）对约6000种植物进行了属和种的描述与分类，是植物史上划时代的里程碑。值得赤墨圈点，铭刻于历史的是，卡斯帕·伯根为后来林奈（Linnaeus）双名法（亦称二项命名法）开辟了道路。

每年春夏时节，圣洁的“寺庙花”——普米尔（俗称“鸡蛋花”）盛开，好似普米尔又带来积极的、富有生命力的希望。法国著名的植物学家普米尔·查尔斯（Plumier Charles，1646—1704）被认为是他那个时代最重要的植物探险家之一，18世纪的所有自然科学家都对他钦佩有加。普米尔·查尔斯的弗里斯·科尔达托·克若纳提烟草（Nicotiana foliis cordato-crenatis）与中国古代的钱树造型可以一比。

法国植物学家约瑟夫·皮顿·图内福尔（Joseph Pitton de Tournefort，1656—1708）是第一位明确定义植物属概念的植物学家。“植物标本（herbarium）”一词也是图内福尔的创建。普米尔·查尔斯曾是他的植物学向导，曾陪伴其探险。

英国医生和医学文献作家威廉·塞蒙（William Salmon，1644—1713）强调知识的实用性，他通过复制、翻译、编辑他人的文本，创建了流行的书籍，并经常推销自己的药物。据称，作为一个沉浸于广泛医学主题的多产作家，威廉·塞蒙的作品在他那个时代曾被广泛阅读。

苏格兰植物画家和作家伊丽莎白·布莱克韦尔（Elizabeth Blackwell，1707—1758）以画植物插图闻名，其套色版画和雕版彩印作品展示了许多来自新世界的奇怪和未知植物，并被作为药用植物的参考图，供医生和药剂师使用。

瑞典植物学家林奈·卡尔·冯（Linné Carl von，1707—1778）声名显赫。1735年，林奈·卡尔·冯在他的 *Systema Natvrae*（自然系统）中，提出以植物的雌蕊和雄蕊数目进行植物分类的方法。此分类法与中国文字音韵指事树（绪论图3）命名万物有同工之妙。1753年后，林奈·卡尔·冯用“双名法”对植物进行统一命名，并将其所知的生物和矿物统一在自己的分类体系之中。他一生中命名过7700种植物，4400种动物，其中的大多数命名至今依然在使用。

荷兰解剖学家、人类学家和博物学家佩特鲁斯·坎波（Petrus Camper，1722—1789）是最先关注自身比较解剖学和古生物学的先驱之一，他开创的面部角度的测量方法，影响了之后的200多年，发展成现代普遍使用的面部识别。佩特鲁斯·坎波于1749年出版的*Amoenitates Academicæ*（学术成就）卷末附有一幅具有划时代意义的"烟草靶向危害图"，绘有烟草对眼睛、心肺、肾脏等器官内部的靶向危害，显示出当时学界对烟草的辩证认识、实验成就和远见卓识。

德国药剂师和植物学家约翰内斯·佐恩（Johannes Zorn，1739—1799）曾到欧洲各地寻觅药用植物，其*Icones plantarum medicinalium*（药用植物图鉴）采用手工彩色雕版印制的500多种植物图，使得艺术化后的植物，呈现出瓷器般瑰丽夺目的色彩。

英国植物学家詹姆斯·爱德华·史密斯（James Edward Smith，1759—1828）最重要的贡献之一是创建了林奈学会，该学会一直是研究植物的风向标。詹姆斯·爱德华·史密斯于1797年出版的*Histoire Naturelle*（自然历史）一书中，收录了一幅饶有意趣的普通烟草与烟草天蛾共生生态图：烟草被昆虫啃食后，其体内尼古丁合成途径迅速被激活，尼古丁含量暴增；烟草天蛾在摄入大量尼古丁后，通过排便管道和皮肤上眼睛般的气孔，把尼古丁悉数排出。不仅如此，天蛾还把尼古丁转化成防御武器，让其天敌望而却步。一方面，野生烟草成了天蛾产卵、供其生长的天地；另一方面，茧蛹化蛾后，烟草天蛾为烟草传播花粉，为烟草的生态多样化服务。

西班牙植物学家何塞·安东尼·帕翁（José Antonio Pavón，1754—1840）以研究秘鲁和智利的植物群而闻名，曾参与卡洛斯三世探险，其所著*Flora Peruviana, et Chilensis*（秘鲁、智利植物集）收录了珍贵的窄叶烟草（Nicotiana angustifolia）、波叶烟草（Nicotiana undulata）、绒毛烟草（Nicotiana tomentosa）和圆锥烟草（Nicotiana paniculata）。

英格兰医生，植物学家威廉·伍德维尔（William Woodville，1752—1805）曾评价李时珍的《本草纲目》是"一部药用植物学的百科全书"。1832年，威廉·伍德维尔的*Medical Botany*（医用植物学）中的植物图采用木刻版画和木刻彩印，这可能受到中国木版彩印的影响。

18 世纪创建的 *Curtis's Botanical Magazine*（柯蒂斯植物学杂志），截至目前，其收入的野生烟草种类最多，研究水准也最高。英国植物学家、昆虫学家威廉·柯蒂斯（William Curtis，1746—1799）是该杂志的创办者。著名自然历史插画家西德纳姆·提斯特·爱德华兹（Sydenham Teast Edwards）在威廉·柯蒂斯的帮助下，在这本著名的杂志上找到了施展其才华的平台。1787—1815 年间，他仅为植物杂志就绘制了 1700 多幅插画。

与柯蒂斯植物学杂志相关的另一位巨匠是威廉·杰克逊·胡克（William Jackson Hooker，1785—1865）。威廉·杰克逊·胡克继承有足够财富，并于 1809 年夏天自费前往冰岛探险。可惜的是，他收集的标本，以及他的笔记和图纸，在归途航行中被大火烧毁，他也险些丧命，但他以坚韧的毅力重新整理资料，出版了相关作品。其后，他又推出 *Folore Scotica*（苏格兰植物），排列出英国植物的自然衍化方法，建立了格拉斯哥皇家植物园（Royal Botanic Institution of Glasgow）和格拉斯哥植物园（Glasgow Botanic Gardens）。1827—1865 年间，他主持编撰了 38 卷 *Curtis's Botanical Magazine*（柯蒂斯植物学杂志）。1802—1899 年间，该杂志登载了夸德瑞伍氏烟草（Nicotiana quadrivalvis）等数十幅烟草图。2018—2021 年，该杂志又登载了卡里基尼烟草（Nicotiana karijini）等数种澳大利亚野生烟草图和自然生活环境照片。

进化论奠基人，英国生物学家达尔文·查尔斯·罗伯特（Darwin Charles Robert，1809—1882）曾历时 5 年环球考察，对动植物和地质结构等进行了大量实地观察，其 *The Origin of Species*（物种起源）所提出的“进化论”，划时代地影响了自然科学，甚至人文领域中的人类学、心理学、哲学。恩格斯将“进化论”列为 19 世纪自然科学的三大发现（进化论、细胞学说、能量守恒转化定律）之一。笔者在看探索纪录片时偶然得知达尔文曾引用“智利尖叶烟草（N.acuminata）和不下 8 个烟草属的其他物种进行过杂交，它顽固地不能受精，也不能使其他物种受精……”后深受触动——竟然有如此刚烈，圣洁的烟草。笔者立即找来 *The Origin of Species*（物种起源），拜读并摘录了其中有关烟草的部分。

英国植物学家约翰·林德利（John Lindley，1799—1865）孜孜不倦数十载，为植物登记造册，为园丁编年史。我国出版过约翰·林德利的《植物学入门》译本。

1829 年，约翰·林德利开始确定“自然”系统的优越性，以区别林奈“百科全书”式的“人造”系统，开启了植物学理论的新时代。

查尔斯·安东尼·勒梅尔（Charles Antoine Lemaire，1800—1871）受法国自然历史博物馆首席园艺家 M·诺伊曼（M. Neumann）的影响，放弃了巴黎大学古典文学教授资格，转而醉心于植物研究。他在学术生涯中的大部分时间里过着苦行僧般的窘迫生活，终其一生没有得到名副其实的优裕生活与荣耀声誉。法国园艺学家爱德华·弗朗索瓦·安德烈（Édouard François André，1840—1911）感慨地写道：“总有一天，人们会给予勒梅尔大大高于当代人的尊崇”。

德国内科医生、植物学家赫尔曼·阿道夫·科勒（Hermann Adolf köhler，1834—1879）编著了四卷本德文版著作 *Köhler's Medicinal Plants*（科勒药用植物），其首卷于 1887 年出版，那时科勒已离世 8 年。这套书被西特韦尔（Sitwell）和 布伦特（Blunt）描述为“植物学领域最优秀、最有用的药用植物丛书”。该套书由德国植物学家古斯塔夫·帕布斯特（Gustav Pabst）编辑整理，书中的植物图谱由同时代著名画家沃尔特·米勒（Walther Müeller）和 C.F. 施密特（C.F. Schmidt）精心绘制，并交由技艺精湛的 K. 冈瑟（K. Gunther）以石版和锌版套色印刷而成。*Great Flower Books*（大花书）评论道：“这是以植物学专业立场描绘的最艺术且最有价值的药用植物图谱”。网络上通常将该著作称为“科勒药用植物”，或称为“米勒药用植物”。

美国植物学家古特斯皮德·托马斯·哈珀（Goodspeed Thomas Harper，1887—1966）的烟草属研究具有开创性、科学性和标志性的划时代意义、古特斯皮德氏分类标准沿用近半个世纪。学界以他的名字将新发现的野生烟草赋名为“古特斯皮德氏烟草”，以彰显他在烟属研究方面的突出贡献。1979 年后，新分类学理论、技术与研究突飞猛进，古特斯皮德氏标准不再沿用。

/

烟草起源问题

/

长久以来，烟草起源被学院派主流释意群体限制在大航海时代，或美洲为起源。人类使用烟草的历史有多长，人文领域受烟草的影响有多大，这一直是人文与自然学术研究领域的盲区。

1979 年，德国乌尔姆大学病毒学家斯韦塔·巴拉班诺娃（Svelta Balabanova）偶然发现距今 3000 多年古埃及拉美西斯二世（Ramesses II，1279—1213 BC）遗骸中的尼古丁残留，揭示出烟草在远古巨大作用之冰山一角。遗传生物前沿研究在时间和地域上显示出积极的阶段性成果，并给进一步的研究带来希望。

◎ snoRNA 数据显示烟草物种起源不超过 1000 万年 1989 年，爱尔兰遗传生物学家肯尼思·亨利·沃尔夫（Kenneth H. Wolfe）[1] 发表了将植物核仁小分子 RNA（small nucleolar RNA， 简称 snoRNA）U3 用于研究生物进化时间研究，指出：单子叶植物（小麦、玉米）和双子叶植物（番茄、烟草等）的 U3 基因均是由 RNA pol. Ⅲ 转录， U3 基因启动子特异性的转变发生在被子植物中单子叶植物与双子叶植物分化之前，大约在 2 亿年以前。为此，笔者曾向沃尔夫博士请教。他认为，烟草的祖先种和其他一些茄科物种的起源时间不超过 1000 万年。换句话说，在大航海时代（明代）前 1000 万年的时间长河里，烟草历史是一纸空白，难道无迹可寻吗？事实并非如此。

◎遗骸数据显示人类使用烟草的地域与历史久远 1979 年始至今，以德国分子生物学家斯韦塔·巴拉班诺娃（Svelta Balabanova）[2-8]为代表的研究者们将古代人和现代人遗骸尼古丁残留比对实验扩展至世界主要考古区。实验数据一而再三地前推人类使用烟草的历史：哥伦布前几个到几十个世纪，直至公元前到上古时代的亚洲、非洲、欧洲、美洲、澳大利亚，人类均已经使用烟草（绪论图 1）。现有实验

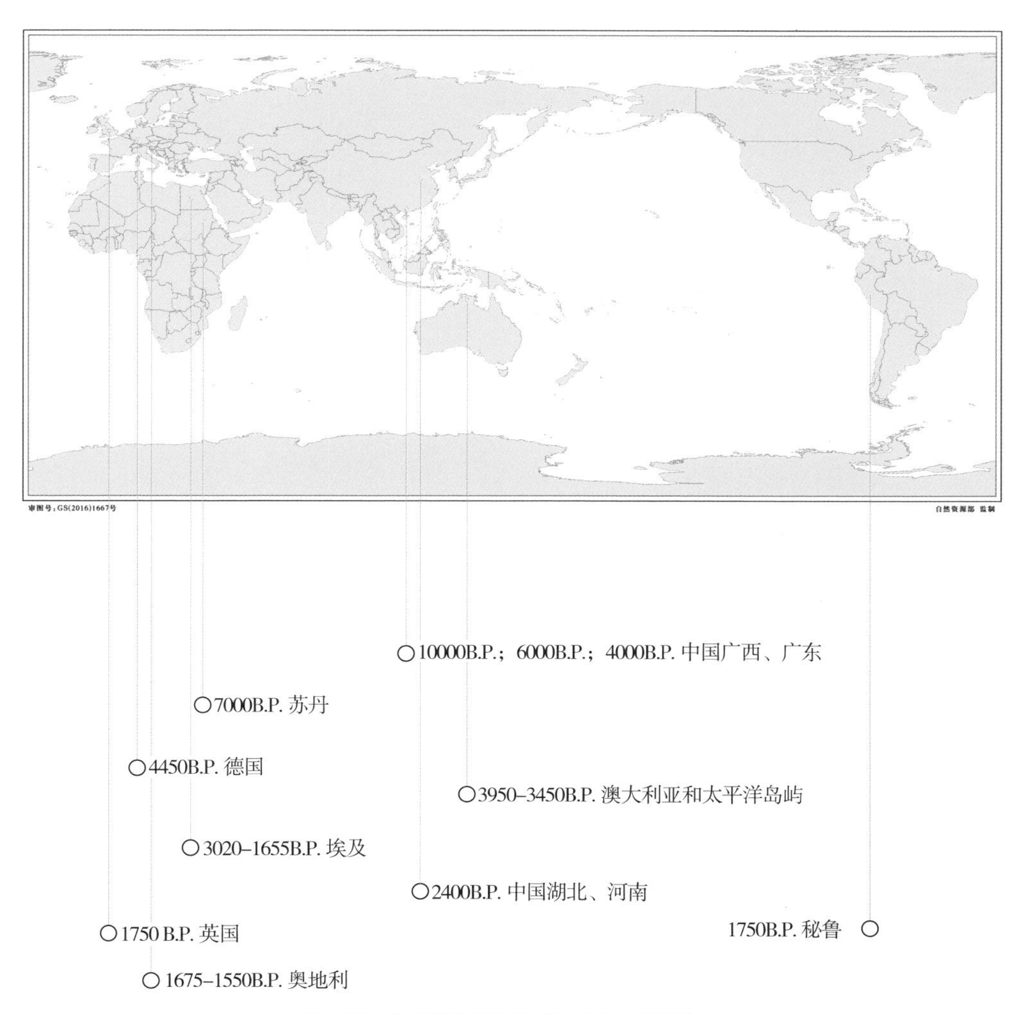

注：以上为阶段实验数据；“B.P.” 为年代距今。

绪论图 1　人类遗骸尼古丁残留显示人类使用烟草的时间与区域

数据不仅表明，中国使用烟草的年代最为久远。考古文物和出土文献已对此充分印证，但鉴于烟草作为国家经济支柱和烟草国家专卖的特殊性，烟草考古在中国还没有开展。

除了斯韦塔·巴拉班诺娃团队对拉美西斯二世[9]等人类遗骸尼古丁残留的分子生物学考古研究案例外，在埃及第十八朝图坦卡芒王陵（约公元前 1339 年）中的一个石制用具里发现了烟草甲虫[10]，这揭示出另外的烟草考古视域。长沙马王堆一号汉墓也发现了烟草钩纹皮蠹幼虫[11]。

笔者在河姆渡烟草考古[12-13]和在研究度量衡历史时发现，商朝度量衡标准是由烟草种子决定的。这一点可从烟草种子的大小、重量中得以证实。安阳殷墟出土长 15.78 厘米和 15.8 厘米两支牙尺，可知商朝尺长为 15.78—15.8 厘米，而这个长度是以 100 粒烟草种子排列后的长度。楚出土的最小权码重量（0.69 克左右）则是以 2 个烟草蒴果重量为标准的[14-17]。

在神话学研究方面，应用符号学与人工智能研究比较法国结构主义之父列维斯特劳斯田野考古“唯一神话”和中国“神草与鸟”神话，可发现它们有相同的结构。神草（烟草）的根、株、叶、花萼、花、蒴果、子房、雌雄蕊、种子等植物结构被赋加“神话”后复合造型，以器形、纹饰、图形文字与图像铭文等形式被铸造在殷商青铜祭祀礼器上。将“神草与鸟” 神话的研究范围扩展至遥距商土区域，对典型祭祀礼器进行共时和历时分析，此结构仍保持不变，并形成标准图录式的神草威权文化[18-19]（绪论图 2）。共时性上，可以看到 13 个先秦烟草垄断区域：1. 清江—新干地区（今湖北—江西）；2. 宁乡—岳阳地区（今湖南）；3. 广汉—彭县地区（今四川）；4. 嘉山—阜南地区（今安徽）；5. 盘龙城—随州地区（今湖北）；6. 城固—洋县地区（今陕西）；7. 大辛庄—苏埠屯地区（今山东）；8. 郑州—安阳地区（今河南）；9. 老牛坡—岐山地区（今陕西）；10. 藁城—定州地区（今河北）；11. 石楼—绥德地区（今山西·陕西）；12. 平谷—喀左地区（今河北、内蒙古）；13. 朱开沟·鄂尔多斯文化区（今蒙古、内蒙古）。历时性上，亦同样可以管窥烟草在历史中的图录符号显像。

在古文字和音韵学研究方面[20]，采用符号学与人工智能方法，分析和比较《古籀书》、《广韵》、文王曾侯乙元音韵符号学系统，可确知文字指事系统树及树音韵系统。《广韵》平上去入系统的生成，可在此组树系统上直观其域、调值其位、反切其义。

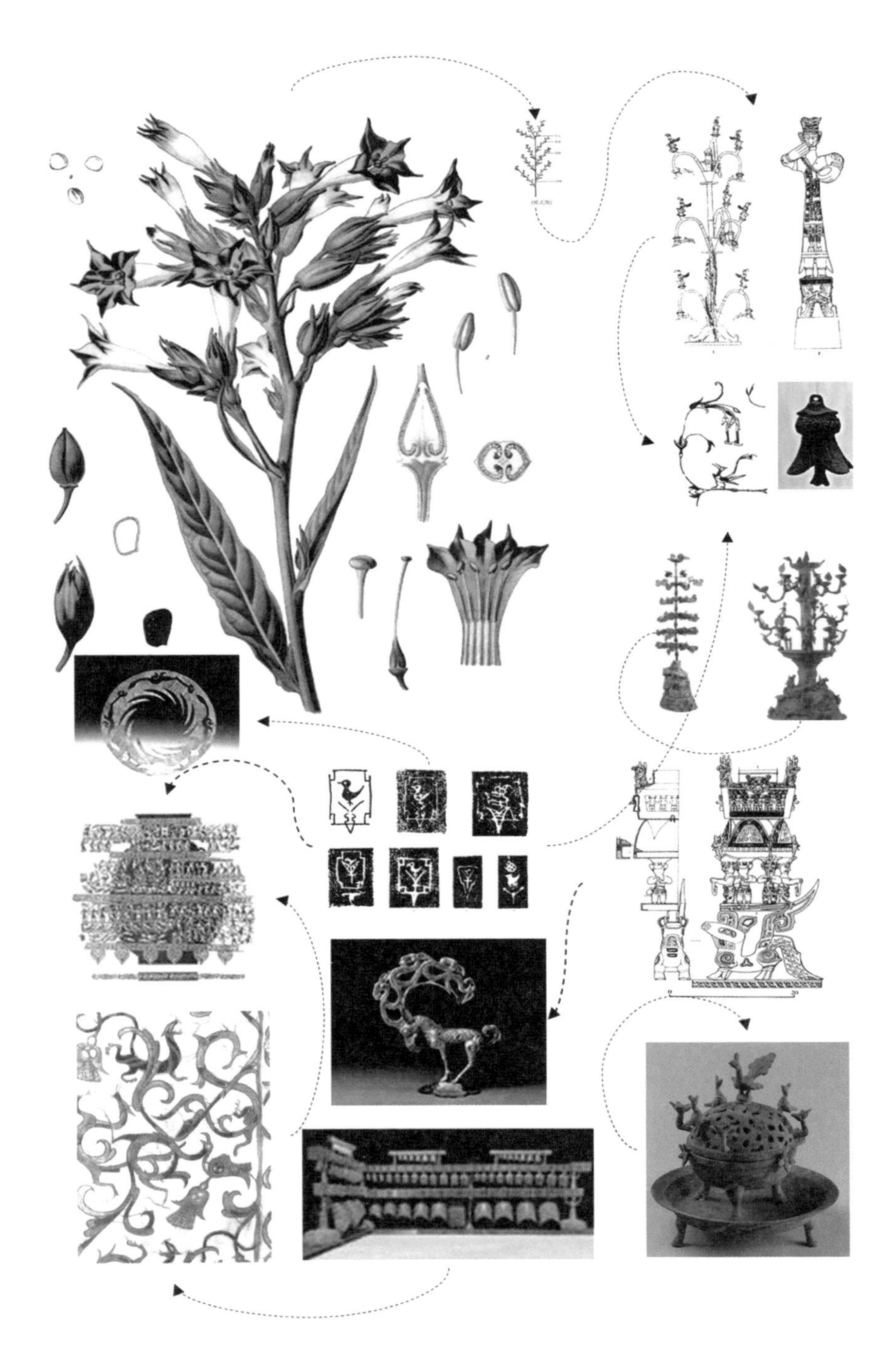

绪论图 2　烟草在历史中的制度性图录符号

以上烟草人文模式考古问题需另出专著详述，其要点归结如下：

烟草物种起源时间断代：烟草物种起源 snoRNA 断代数据表明，烟草物种起源不超过 1000 万年。

人类使用烟草时间与地域：人类遗骸尼古丁残留数据显示，人类使用烟草的地域与历史久远。斯韦塔·巴拉班诺娃（Svelta Balabanova）博士团队数年的烟草考古实验报告表明，公元前的亚洲、非洲、欧洲、美洲、澳大利亚，人们已经在使用和传播烟草了。

中国烟草历史共时与历时：中国烟草的历史可以上溯到石器时代，先秦烟草人文与制度化已达至顶峰。从商、周、秦、汉、唐、宋、明到清，烟草历史一脉相承。明代烟草外来史，仅仅在中国烟草历史长河中的明代桥段，突现出的是囿于烟草帝国巨大商业利益史全豹之一斑。

烟属分类概要

烟草物种基因类属（以下简称“烟属”）可以追溯到中国先秦的自然音韵音律分类法、西方 18 世纪的林奈古典花蕊分类法，以及 19 世纪的古特斯皮德和 21 世纪的纳普·桑德拉现代分类法。

（一）中国自然音韵音律分类法

“含英咀华，一字百炼乃出”，每个个体作为一个种子，在时间与生成中，展示了一粒种子——字（子）经历艰难困苦、超越自身、回归自身，形成过去、现在和未来的音韵音律过程之生命历程与历法统一命名体[18,19,20]（绪论图 3）。此种分类系统掌握在极少数宗教传承人手中。民间则采用比较随意的命名法，笔者收集、整理和编撰历代烟草名称超过千余种。

（二）西方人为与自然分类法

西方烟属植物分类的方法大致可分为两种。一种是以 18 世纪林奈花蕊分类法为代表的人为的分类方法，选择植物的一个或几个特点，作为分类的标准。另一种是以 19 世纪古特斯皮德和 21 世纪纳普·桑德拉现代分子生物学分类法为代表的自然分类法。

1. 林奈花蕊分类法

人为的分类方法以林奈花蕊分类法为代表。1735 年，瑞典植

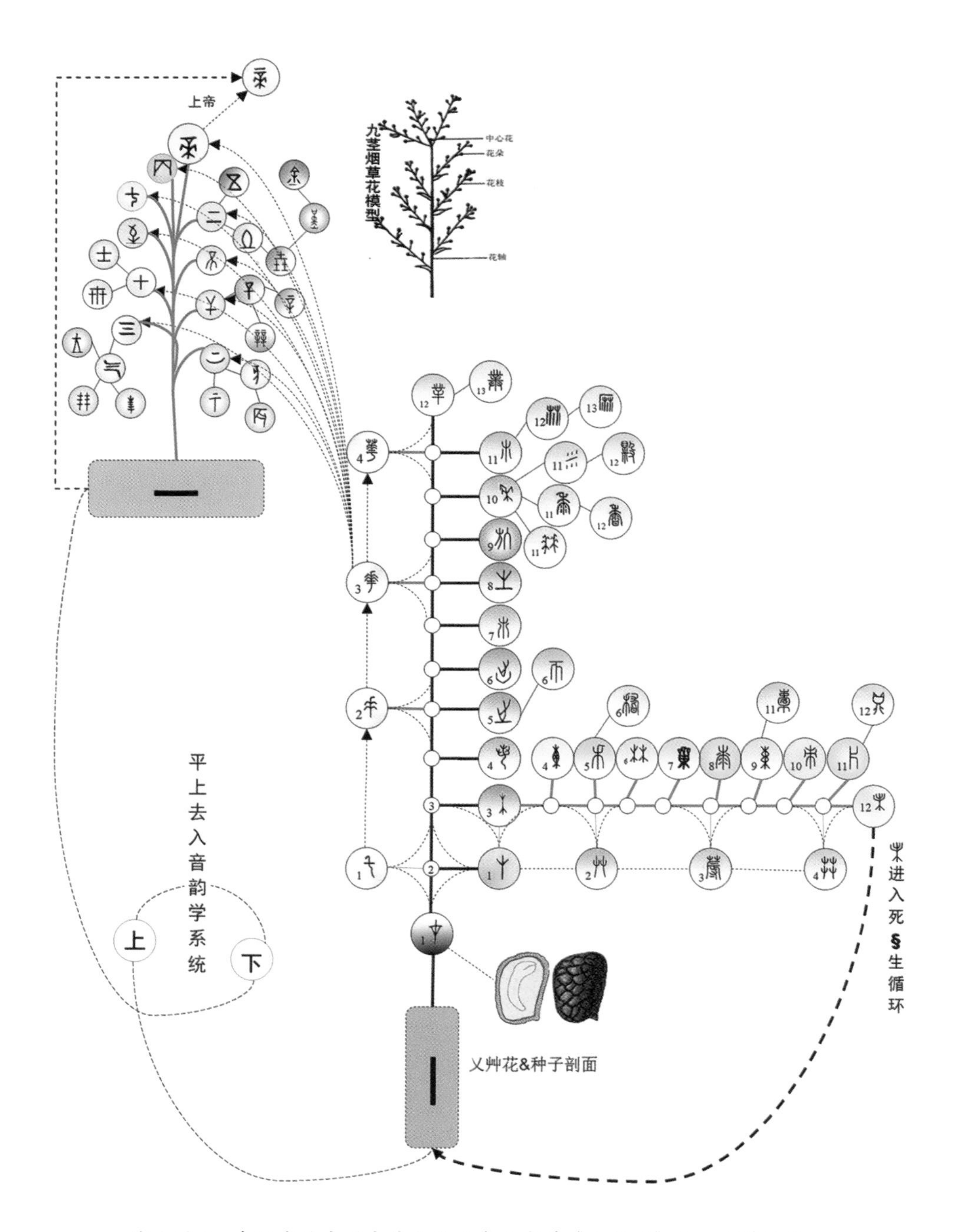

绪论图 3　中国自然音韵音律分类法在文字学《古籀书》上的烟草结构

物学家林奈·卡尔·冯在他出版的巨著 *Systema Natvrae*（自然系统）中，提出以植物的雌蕊和雄蕊的数目进行植物分类的方法。这种分类方法是把有花植物雄蕊的数目作为分类标准，分为一雄蕊纲、二雄蕊纲……他的 *Species Plantarum*（植物种志）书中描述了 4 种烟草：黏烟草（N.glutinosa）、普通烟草（N. tabacum）、黄花烟草（N. rustica）和圆锥烟草（N. paniculata）。

1818 年，莱曼（Lehm）以花蕊特征将 7 种烟草分为两个未归类的分支【Knapp，2004】：一支带有托盘状花和圆形花冠裂片；另一支具有漏斗状花和尖的或近长尖的花冠裂片。他将 21 种烟草种作为一个整体属，但没有涉及普通烟草和碧冬烟草的种间分组问题。

1838 年，乔治·唐（George Don）依据花的性状和颜色，通过研究带有漏斗状红花的普通烟草组 Ⅰ（Ⅰ Sect. Tabacum），带有形状多样黄花的黄花烟草组 Ⅱ（Ⅱ Sect. Rustica），矮牵牛状带有高脚碟状花的碧冬组 Ⅲ（Ⅲ Sect. Petunioides），带有膨大的花和 4 瓣的蒴果的多室烟草组Ⅳ（Ⅳ Sect. Polydiclia），提出了烟草属亚属分类，确认了 4 个亚属：普通烟草属（Tabacum）、黄花烟草属（Rustica）、碧冬属（Petunioides）和多室属（Polydiclia）。

2. 古特斯皮德花形和染色体数目烟属分类体系

美国植物学家古特斯皮德·托马斯·哈珀在烟属细胞遗传分类学领域卓有建树，其系列研究【Goodspeed T.H】，特别是 1954 年出版的专著 *The genus Nicotiana*（烟属），一直被作为烟属分类的标准。

古特斯皮德对烟草发现地、植物学形态、染色体特征、种间杂交的可能性进行了系统研究，他根据花的形态和染色体数目，将当时发现的野生烟草划分为 3 个亚属 14 个组：黄花烟亚属（Rustica）包含 3 个组 9 个种；普通烟亚属（Tabacum）包含 2 个组 6 个种；碧冬茄烟草亚属（Petunioides）包含 9 个组 45 个种，共计 60 个野生烟草种。

1960 年，巴比德【Burbidge N.T.，1960】和威尔斯（Wells P. U.）先后对古特斯皮德分类作了二次修正【21】。巴比德给原产于澳大利亚的野生烟草增加了 5 个新种：阴生烟草（N.umbratica）、洞生烟草（N.cavicola）、抱茎烟草（N. amplexicaulis）、西烟草（N. hesperis）、拟似烟草（N. simulans），并把斯特若卡帕烟草（N.stenocarpa）更名为莲座叶烟草（N.rosulata）。威尔斯将三角叶烟草组（N. Sect.Trigonophyllae）的帕欧姆烟草（N.Palmeri）和三角叶烟草（N.trigonophylla）两个种合并为三角叶烟草（N.trigonophylla）一个种。至此，野生烟草种集成为 64 个。

1979 年，史密斯（Smith H.H）[22] 在古特斯皮德分类的基础上对 64 个野生烟草种及 20 世纪 60 年代发现的两个新种进行了归纳分类：原产于西南非洲纳米比亚的非洲烟草(N. africana)暂置碧冬烟草亚属的香甜烟草组(N. Sect. Suaveolentes)，原产于南美洲安第斯山的卡瓦卡米氏烟草（N.kawakamii）暂置普通烟亚属的绒毛烟草组（N. Sect.Tomentosae）。至此，野生烟草种集成为 66 个（参见本书《66 种野生烟草名录及分组表》）。

纳普·桑德拉（Knapp Sandra）在其 2020 年著作的致谢部分评价道："对烟草属分类学和生物多样性的理解是基于古特斯皮德在 20 世纪 50 年代所做的基础性工作，其著作至今仍是综合性最强的专著。"

3. 纳普·桑德拉（Knapp Sandra）分子系统学和形态学综合烟属分类系统

古特斯皮德的烟草属专著出版于 20 世纪 50 年代，当时安第斯地区被公认为美洲物种多样性的中心[Goodspeed，1954；Dupin，2017]，其烟属分类系统已沿用半个多世纪。其后，烟草属在新物种，特别是澳大利亚野生烟草物种领域发表了相当多的文献。重新检出烟属的生物学和表型（基因和环境作用的结合而形成的一组生物特征），以及烟草物种系统进化和其生物地理学特性。在此期间，烟草属物种差异性研究成果日新月异，烟草生物多样性研究的个体优先项层出不穷。

2000—2022 年，烟草属种系进化及其关系研究兴起，烟草属的分类引入新理论、技术与分析工具[Aoki and Ito，2000；Chase，2003；Clarkson，2004；Clarksen，2017]。

2004 年，纳普等人[Knapp S，2004] 利用分子系统学（Molecular Phylogenetic）研究成果[Chase，2003] 和植物学命名规则修订了古特斯皮德 1954 年的分类系统，确定了 13 个组，76 种野生烟草。（参见本书《76 种野生烟草名录及分组表》）

2020 年，纳普等人[Knapp S，2020] 应用新理论、新工具解决了 2004 年遗留的问题，确定了 82 种野生烟草。（参见本书《82 种野生烟草名录及分组表》）这 82 种野生烟草大多数与古特斯皮德的分类相对应，但其中有 4 个二倍体烟草，古特斯比德将它们放入其他部分。黏烟草（N.glutinosa）被古特斯比德视为绒毛烟草组（section Tomentosae）组的成员，而蓝烟草（N. thyrsiflora）则被视为蓝烟草组（section

Thyrsiflorae）的唯一成员。纳普新标准认为，这两个分类群都是波叶烟草组（section Undulatae）的成员【Knapp，2004】。古特斯皮德【Goodspeed，1954】将一些开黄色花的烟草，如粉蓝烟草（N. glauca）置于圆锥烟草组（section Paniculatae）。纳普新标准【Knapp，2004】则根据植物共有特征，将其归为夜花烟草组（section Noctiflorae）。古特斯皮德【Goodspeed，1954】将林烟草（Nicotiana sylvestris）归为花烟草组（section Alatae），但纳普新标准分子系统学结果显示，不能将其归为该组或任何其他二倍体组，应为花烟草组（section Alatae）的姐妹组，有着独立的谱系【Chase，2003；Clarkson，2017；McCarthy，2019】，是烟草属许多异源多倍体的一部分。

在纳普烟草名录的 82 种野生烟草中，澳大利亚干旱区占约 35 种，其他大多数分布在北美洲、中美洲和南美洲。烟草属分为 13 组，其中最大的香甜烟草组（section Suaveolentes）分布于非洲、澳大利亚，以及太平洋地区。

在烟草属种系进化及其关系研究方面，古特斯比德认为烟草属与夜香树属（genera Cestrum）和碧冬属（genera Petunia）有关，多样性的“祖先库”有较为“低等”的前夜香树属（pre-Cestrum），较“高级”的前碧冬茄属（pre-Petunia），以及结合了两者特征的较“中等”的前烟草属（pre-Nicotiana）。古特斯比德假设该组的基础染色体数为 n=6，烟草是前夜香树属和前碧冬属发生异源多倍体事件的结果。这一概念假设了两个物种核的存在——碧冬类（Petunioid），如渐狭叶烟草、夜花烟草、林烟草；夜香树类（Cestroid），如圆锥烟草、黏烟草、绒毛烟草【Chase，2003】。古特斯比德【Goodspeed，1954】将除多室属外的所有植物都提升到亚属地位，根据花的形态和染色体数目将该属划分为 14 个组，其中一些是完全多倍体。此前，他曾将多倍体物种纳入二倍体的分段群。

纳普指出【Knapp S，2020】：DNA 序列数据在茄科亲缘关系系统发育重建中的应用表明，烟草属与这二属都没有近亲关系。烟草属是一个先前未被确认的，但得到有力支持的群体的一部分，该群体的基染色体数目为“n=12”，特征为“X=12”分支【Olmstead & Palmer，1992；Olmstead & Sweere，1994；Olmstead，1999】。纳普标准将澳大利亚特有属（tribe Anthocercidae）【Hunziker，2001】恢复为烟草姐妹群组，这两个谱系暂定为烟草亚属（subfamily Nicotianioidae）。其后，使用更多分类群和更多标记对该谱系进行的进化分析证实了以上结果【Olmstead，2008；Särkinen，2013】。烟草是茄科中具有大量异源多倍体物种的几种谱系之一，在该属内，异源多倍体已经独立发生了几次，随后在多个谱系中以多倍体水平进化（绪论图 4）。

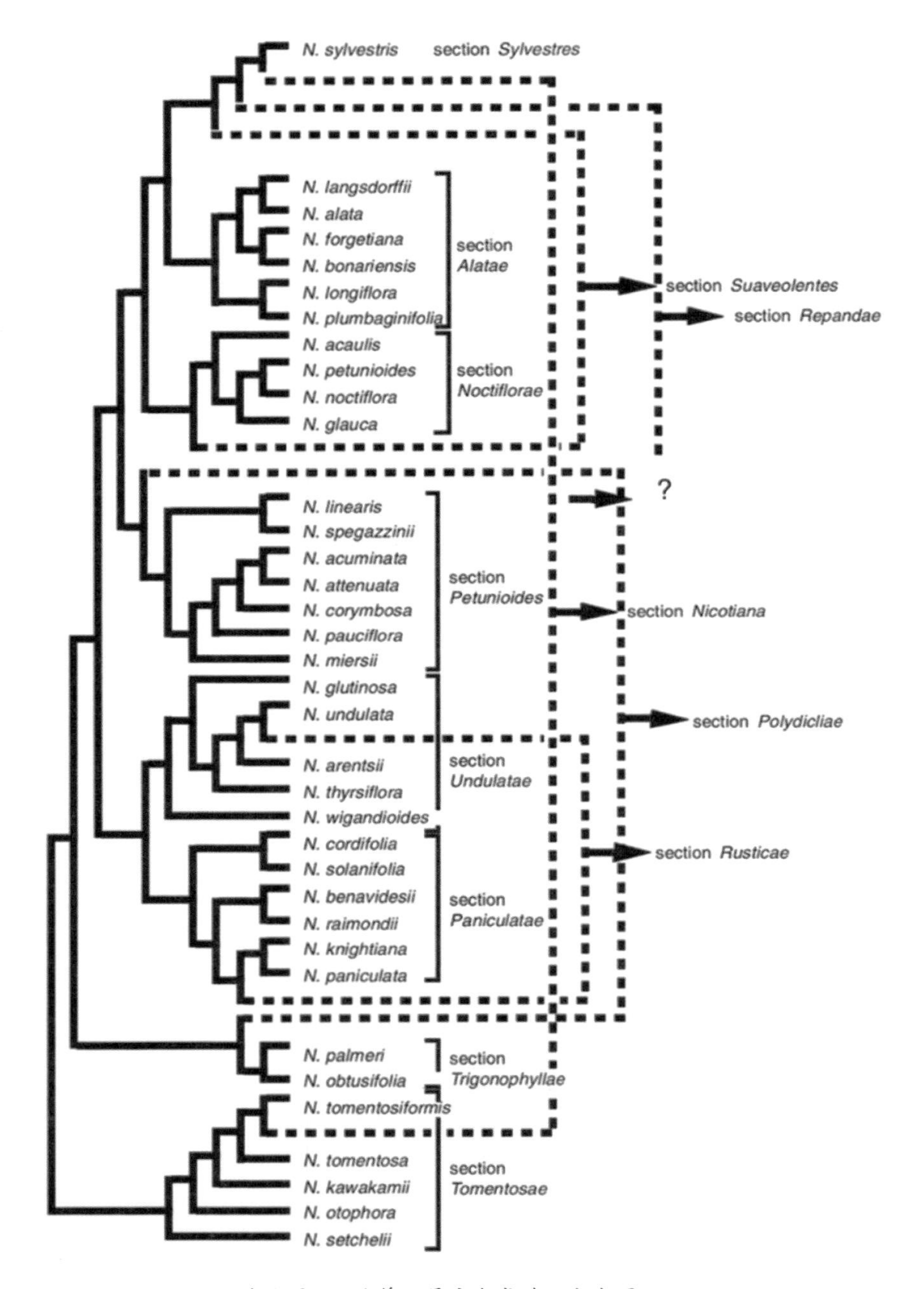

绪论图 4　纳普烟属启发式进化分支图

案：纳普指出[Knapp S, 2020]：标记“？”处所代表的未知浅波烟草组（section Repandae）源的问题已经解决[Clarkson, 2005]，浅波烟草组（section Repandae）的祖先谱系还包含林烟草组（section Sylvestres）和三角叶烟草组（section Trigonophyllae）的部分。

不同年代的异源多倍体出现在烟属中【Chase，2003；Clarkson，2004；Clarkon，2017】，从幼异倍体开始，如古普通烟，主要是澳大利亚的香甜烟草组（section Suaveolentes），年代约600万年。被子植物的多倍体化通常伴随着基因组缩小和二倍体化【Leitch and Bennett，2004；Leitch，2008；Dodsworth，2016】，烟草也不例外，基因组原位杂交（GISH）能够区分普通烟草（N. tabacum）、黄花烟草（N. rustica）和阿伦特氏烟草（N. arentsii）等幼异源多倍体的亲本基因组【Kento，1993年；Lim，2004】，但无法区分祖多倍体谱系中祖细胞基因组的贡献【Clarkson，2005】。利姆（Lim）等人【Lim，2007】认为，基因组原位杂交（GISH）无法区分谱系大于500万年的祖细胞基因组，因为恒定的核型结构，包括新的或以前罕见的序列类型替换过的非基因序列中的基因几乎完全转换了。

自然发生的幼异源多倍体普通烟草和黄花烟草中，rDNA重复序列的改变被认为是协同进化和消除母系或父系序列的结果【Kovarik，2004；Skalicka，2005；Clarkson，2017】。

使用时间校准系统发育树进一步检查多倍体年龄对多样性的影响，阐明该属最古老的异源多倍体谱系，也主要是澳大利亚的香甜烟草组（section Suaveolentes），假定的初始多倍体化和多样化之间显示出明显的滞后。该谱系的多样性涉及通过染色体融合进行的基因组重排和二倍体化，可能涉及强选择性清除【Clarkson，2017；Chase，2018a】。澳大利亚类群的假定祖先之一，花烟草组（section Alatae）【Goodspeed 1954；Clarkson，2004；Clarkon，2017】的二倍体物种，也经历了染色体数目的减少【Lim，2006】，这表明这些类型的基因组重排并不局限于多倍体物种。新的基因组工具，有助于更好地理解这些模式及其起源。

烟草属内在关系的特征是通过异源多倍体【Aoki & Ito，2000；Chase，2003】和同源多倍体杂交【Kelly，2010】进行网状进化【Chase，2003】。烟草属系统进化研究聚焦更高层次，而非物种层次的关系。

使用多种细胞遗传学方法，包括基因组原位杂交（GISH）和分子序列数据，已经阐明了烟草中各种异源多倍体谱系的祖谱【Kenton，1993；Clarkson，2005；Kelly，2013；Dodsworth，2017】。但随着活动年代的增加，区分祖细胞基因组变得更加困难，确认烟草多倍体谱系中最古老的香甜烟草组（section Suaveolentes）的最近现存亲缘关系还没有完全弄清楚【Clarkson，2017；Chase，2018a】。

烟草花是管状的，在基部产生大量花蜜，作为对授粉者的奖励【Goodspeed 1954】。烟草花通常在白天开放，白天由蠹（蛾）、蝴蝶、蜂鸟或蜜蜂授粉，或者在黄昏或夜间由夜飞蠹（蛾）授粉[Aigner & Scott，2002；Kaczorowski，2005；Kessler & Baldwin，2007；Nattero & Cocucci，2007]。有些烟草，如渐狭叶烟草（N.attenuata）[Kessler，2010]的花在夜间开放，并在白天开放一段时间，使混合授粉机制运作。烟草花的气味可能非常强烈，尤其是在夜间开花的烟草。白天开花的澳大利亚阴生烟草（N. umbratica），其花具有强烈的丁香味[Chase & Christenhusz，2018]。烟草花气味在分类处理中不是常规特征，但能够表明其在进化上引人入胜[Haverkamp，2018]。从某种程度上看，尽管所有的烟草花都是管状的，但花冠展开的翼瓣或多或少都呈五边形。由于花冠管的长宽不同，烟草花的整体形状有着相对广泛的变化。许多夜间开花的烟草，如长花烟草（N. longiflora）、浅波烟草（N. repanda）、林烟草（N. sylvestris）有着特长且狭窄的管，甚至有些烟草的花管直径只有 1 毫米。而其他烟草，如欧布特斯烟草（N. obtusifolia）、黄花烟草（N. rustica）、芹叶烟草（N. wigandioides）的花管却又短又宽[McCarthy，2016]。异多倍体烟草往往具有比其祖先种更短、更宽的花管，这表明它们正过度进化为更泛化的传粉综合征[McCarthy，2016]。

人类感知的烟草花色（绪论图 5）从净白到奶白，以及不同深浅的粉红、大红。有些烟草花是绿色或黄色的[Goodspeed，1954；McCarthy，2015]。叶绿素在许多烟草中存在并影响烟草的颜色和色调[McCarthy，2015]。由于花瓣细胞中存在叶绿素，许多烟草花都略带灰紫色或绿色。授粉者蠹（蛾）、蝴蝶、蜂鸟或蜜蜂等感受的烟草花色与人类感知的不同，麦卡锡等人[McCarthy，2015]使用光谱反射技术对烟草花色进行了表征，然后使用蜜蜂和蜂鸟色谱数据测试烟草花色，这比人类感知的颜色更真实。他们发现，烟草花色，包括光谱反射数据的进化并不完全受到系统发育的限制，不同色素组合存在多种独立起源，特别是在普通烟草的幼异倍体中，会出现出人意料的颜色[McCarthy，2016]。烟草花的颜色主要源于黄酮醇和花青素等色素[McCarthy，2016]。麦卡锡等人对烟草中这些色素的遗传学进行了综合研究[McCarthy，2020，V11]。多倍体亲本花色的祖先状态重建[McCarthy，2019]表明，多倍体化的早期事件严重影响了分化模式。在同区域，传粉者的选择影响了烟草花的颜色，但大多数烟草原生环境的野外实验还有待进行。

绪论图 5-1　野生烟草花冠多样化【Chase，2003；Clarkson，2005；Knapp S，2020】）（一）

（a）花烟草组（Section Alatae）中的博内里烟草（Nicotiana bonariensis）
（b）普通烟草组（Section Nicotiana）中的普通烟草（Nicotiana tabacum）
（c）夜花烟草组（Section Noctiflorae）中的粉蓝烟草（Nicotiana glauca）
（d）夜花烟草组（Section Noctiflorae）中的夜花烟草（Nicotiana noctiflora）
（e）圆锥烟草组（Section Paniculatae）中的圆锥烟草（Nicotiana paniculata）
（f）碧冬烟草组（Section Petunioides）中的渐狭叶烟草（Nicotiana attenuata）
（g）碧冬烟草组（Section Petunioides）中的狭叶烟草（Nicotiana linearis）
（h）多室烟草组（Section Polydicliae）中的克利夫兰氏烟草（Nicotiana clevelandii）

绪论图 5-2　野生烟草花冠多样化（二）

（a）浅波烟草组（Section Repandae）中的内索菲拉烟草（Nicotiana nesophila）
（b）浅波烟草组（Section Repandae）中的裸茎烟草（Nicotiana nudicaulis）
（c）黄花烟草组（Section Rusticae）中的黄花烟草（Nicotiana rustica）
（d）香甜烟草组（Section Suaveolentes）中的香甜烟草（Nicotiana suaveolens）
（e）林烟草组（Section Sylvestres）中的林烟草（Nicotiana sylvestris）
（f）绒毛烟草组（Section Tomentosae）中的耳状烟草（Nicotiana otophora）
（g）三角叶烟草组（Section Trigonophyllae）中的欧布特斯烟草（Nicotiana obtusifolia）
（h）波叶烟草组（Section Undulatae）中的芹叶烟草（Nicotiana wigandioides）

2022 年，马里亚纳·奥格斯通（Mariana Augsten）等人在巴西铁四角（Quadril á tero Ferr í fero）地区的植物区系研究期间，收集到一株红花烟草，该地区是米纳斯吉拉斯的一个山区，拥有大量的矿产储量[23-24]。由于这株红花烟草的表型与巴西已知的烟草属物种均不匹配，马里亚纳·奥格斯通等人认为它可能是一个新物种。最终，他们使用形态学和分子数据（绪论图 6）检验并证明了这一假设[25]，

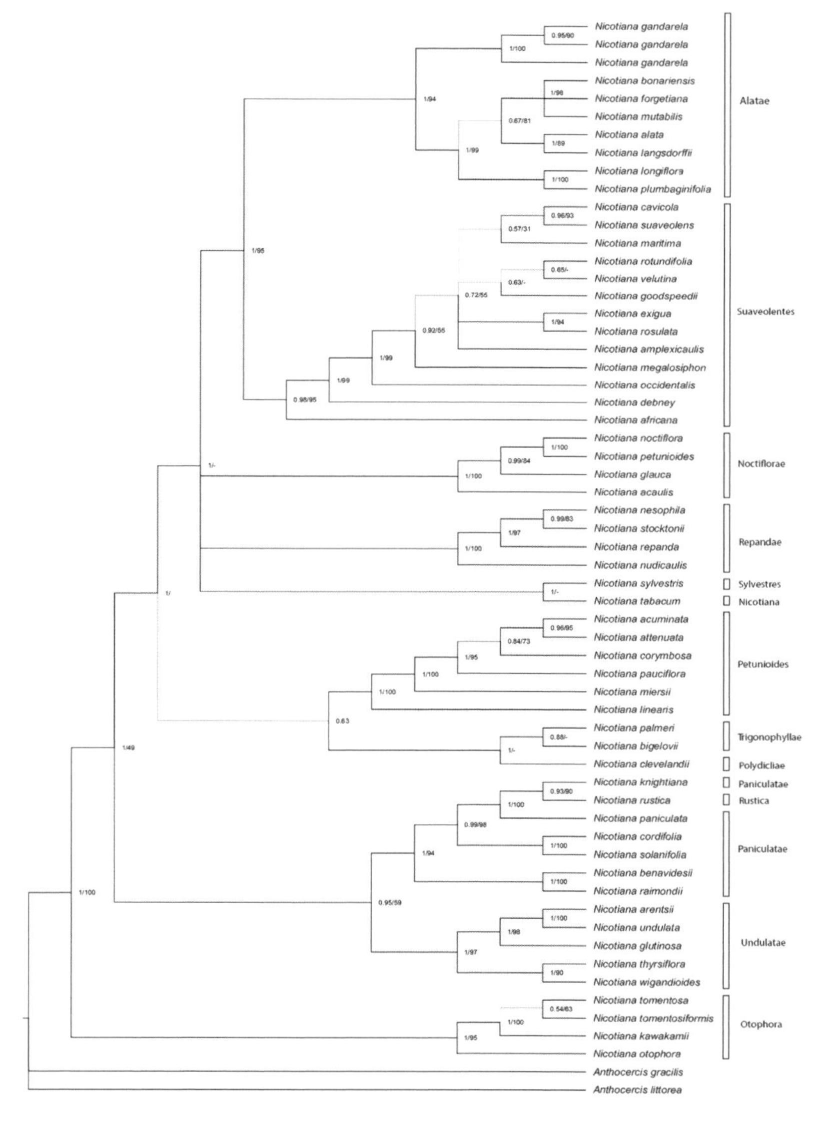

绪论图 6　2022 年新发现的野生甘达雷拉烟草 (Nicotiana gandarela) 的位置

并将这株新发现的烟草物种以地名命名为甘达雷拉烟草（Nicotiana gandarela）。

至2022年，国际克纳普植物分类协会已确认的野生烟草物种计有89种。（参见本书《89种野生烟草名录》）

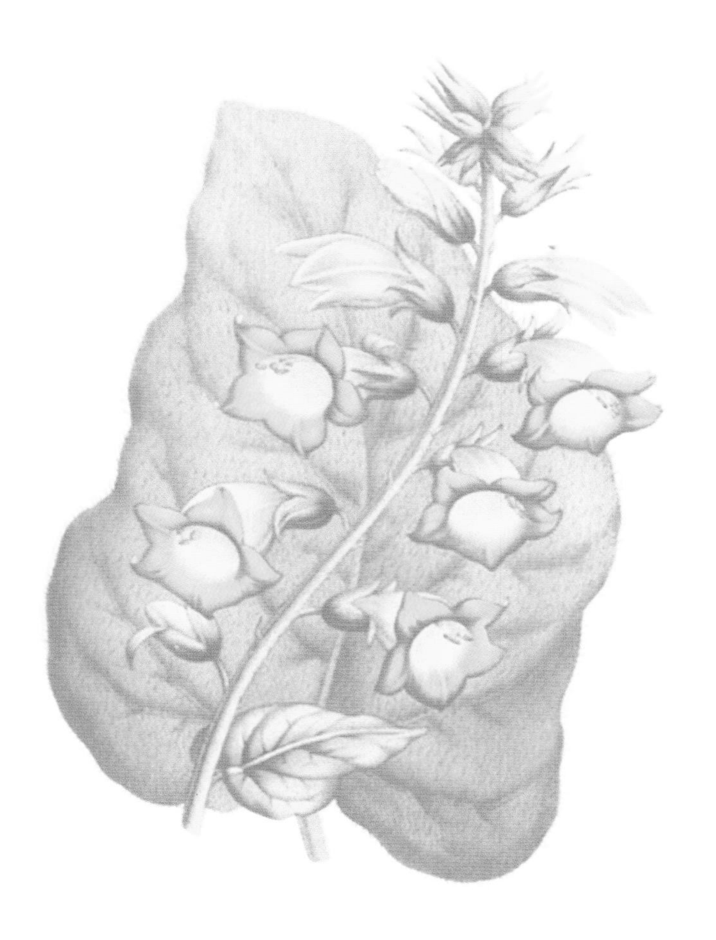

烟草命名法则

烟草在植物分类学上属于双子叶植物纲（Dicotyledoneac），管花目（Tubiflorae），茄科（Solanaceae），烟草属（Nicotiana）。

每种植物在不同国家都有各自的名称，甚至在一个国家，各地的名称也不尽相同，因而就有同物异名，或异物同名的混乱现象，给识别植物、利用植物、经验交流等造成障碍。为了避免这种混乱，名称统一是非常必要的。

瑞典植物学家林奈·卡尔·冯的“双名法”（二项命名法），用两个拉丁单词为植物命名：第一个单词是属名，名词，其第一个字母要大写；第二个单词为种名，形容词；后面再写出定名人名字的缩写（第一个字母要大写），以便于考证。这种国际上统一的名称，就是学名。

示例如下：

普通烟草的学名是“Nicotiana tabacum L. ”。第一项属名，名词；第二项种名，形容词；后边大写“L. ”是定名人林奈（Linn é ）

Nicotiana	tabacum	L.
属名，名词	**种名，**形容词	**定名者**

的缩写。如果是变种，则在种名的后边，加上一个变种（varietas）的缩写“var.”，然后再加上变种名，后边附以定名人名字的缩写。

现在国际标准学名遵循《国际植物命名法规》（*International Code of Botanical Nomenclature*，缩写 *ICBN*），这是瑞士人阿尔

逢斯·德·德堪多 (Alphonse de Candolle) 于 1876 年，在巴黎召开的第一次国际植物学会议上建议的植物命名规则，经过多次国际植物学会议讨论修订而成。

野生烟草的中文译名较为繁杂。从现有中文文献和国内权威植物学网站来看，大多数野生烟草名称采用音译，如据人名音译的卡瓦卡米氏烟草（Nicotiana kawakamii），据词义意译的川上烟草意（Nicotiana kawakamii，词意），据生长环境译的洞生烟草（Nicotiana cavicola），据地名译的甘达雷拉烟草（Nicotiana gandarela）等。另外，国内烟草文献中的烟草名称存在录入错误、张冠李戴等现象，学者和研究者在使用过程中，应与外文原文献加以比照。

本着承继前人研究成果的态度，本书所列野生烟草的中文译名采用国内已有译名。译名有异的部分列入《野生烟草中译异名对照表》。2022 年国际组织已定名的 89 种野生烟草尚无中文译名的野生烟草暂时采用音译，以方便国际交流和国外文献检索。

种质资源保护

收集和保护种质资源是丰富种质库资源性的基础工作。由本书所见，早在16世纪，西方烟草种质资源考察与收集就已经开始。目前，美国已拥有全套烟草野生种，我国只拥有烟草野生种中的36个[26]。1851年，美国派出考察队到世界各地收集动植物资源。在1897—1935年的38年间，他们先后19次派人到中国考察，收集了大量植物资源。1953年，他们派出考察队到烟草起源中心安第斯山一带，收集古老类型烟草种质和野生种，编成TI（Tabacco Inventory 烟草种质资源库）系统，拥有全套烟草野生种，而野生烟草种质具有极其特殊的使用价值。截至1970年，他们共派出150多个国外考察组，收集到大批作物种质，编成PI（Plant Inventory 作物种质资源库）系统，形成40多万份作物种质资源。

日本除了大量收集国外烟草种质外，20世纪60年代也派人到南美洲考察收集烟草资源，发现了一个新的烟草野生种——卡瓦卡米氏烟草（N.kawakamii）。1920年，苏联曾组织世界植物考察队先后考察了50多个国家，收集植物资源13万多份，其中包含一部分烟草资源。

中国烟草种质资源考察收集工作起步较晚，1949年后才开始进行，而且仅限于国内。20世纪50年代，我国进行了一次大规模的农作物种质资源收集工作，收集烟草种质资源3000多份。20世纪70年代末至今，我国又进行了烟草种质资源的补充征集，重点在湖北的神农架、长江三峡地区、秦巴山区，以及云南、贵州、黑龙江、湖南等省，收集到大批地方种质，并从国外引进一批使用价值高的优良种质。1974—1977 年，我国组织 12 个资源协作单位，编辑出版了《全国烟草品种资源目录》，介绍了我国现有的 1259 个烟草品种，16 个野生烟草种。1984 年，有关部门共同努力，完成了《中国烟草品种志》，全书编入品种 214 个，野生烟草种 8 个[27]。到 1987 年，我国拥有近 2000 份烟草品种资源，其中国内地方资源有 1400 多份，国外引进资源有 500 多份[28]。到 2011 年，烟草种质资源库搜集保存的种质有 5267 份[29-30]。2014 年，中国农业科学院烟草研究所、中国烟草总公司青州烟草研究所王志德、张兴伟、刘艳华主编的《中国烟草核心种质图谱》中指出：目前国家烟草中期库保存各类栽培类烟草种质资源 5000 多份，保有量居世界前列。在大量研究基础上，构建了 446 份烟草核心种质，该书收录 36 种国外引进的野生烟草。

野生烟草价值

野生种在长期的自然进化中，蕴藏着许多抗病、抗虫、抗逆、优质等稀有基因，加强对野生资源的引进利用对于创新突破性种质尤为重要【31】。野生烟草形态各异，用途不一，因其商业价值低，未被大面积种植。但不少野生烟草具有栽培烟草所不具有的重要基因，特别是抗病、抗虫基因。有些抗病、抗虫基因已转移到栽培烟草上，培育出抗病、抗虫品种。

野生烟草用于研究自然种群中植物防御反应演变的模型系统 通过鲍德温（Baldwin）及其同事在犹他州大盆地沙漠植物的调查与研究，郊狼烟草，即渐狭叶烟草（N.attenuata）成为研究自然种群中植物防御反应演变的模型系统【Kessler，2008，2015；Diezel，2011；Navarro-Quezada，2020，V13】。

野生烟草用于研究多倍体现象基因组重排的模型 野生烟草被用作研究多倍体现象基因组重排的模型【Leitch，2008】。近年来，使用分子和形态学组合方法研究种和组之间关系的专论【Aoki & Ito，2000；Chase，2003；Knapp，2004；Clarkson，2005】引人注目。多倍体化和染色体数目减少是烟草属常见的基因组现象【Kenton，1993；Lim，2006】、烟属种质全基因组序列的可用性【Bombarely，2012；Sierro，2013、2014；Edwards，2017；Fernie & Usadel，2020】等，使得染色体数目和多倍体年龄【Chase，2003；Clarkson，2005】更全面地研判成为可能。新的研究视野近在咫尺地展示了烟属植物的形态和分子模式丰繁多元的进化图景。

野生烟草种质资源的重要性对整个农作物的生物技术、遗传研究，农作物病虫害治理、创新突破性种质等，是举足轻重和不可或缺的大一统基准的“模式作物”[32]。

造物主决定到天上定居，在地上他由烟草取代[33]。从自然的角度看，野生烟草模式给予人类以自然科学的思维；从人文角度看，烟草云现象、暗知识到云思辨、云计算启发了人类心智。造物主的化身展现出人类为之探索的无比深奥和无限广阔的前景。

第一章

名人巨匠与野生烟草图谱

本章收录 1522 年以来，源自德国、西班牙、法国、瑞士、英国、苏格兰、瑞典、荷兰、奥地利、美国、加勒比海和南美洲北部、西印度群岛、巴西、比利时、加拿大、澳大利亚等国家和地区的烟草史名人巨匠与野生烟草物种图牒。从美术史，可以品味速写、素描、水粉、油画等烟草绘画技法。从印刷史，可以纵览木刻水印、木刻彩印、手工彩色雕版彩印、手工着色铜版水印、手工彩色石版和石版锌版套色印刷等烟草画的出版与印制工艺等。从名人巨匠，可以管窥烟草植物物种画卷背后，植物探险家、物种收集家、研究家、画家、出版家等，伟大历史背景之一斓。

Chapter One

▪林恩哈特 · 法奇

Leonhart Fuchs
（1501—1566）

林恩哈特·法奇出生于德国韦姆丁（Wemding），1524年在因戈尔施塔特（Ingolstadt）大学获得医学博士学位，1526年成为该校医学教授，是一个以个人兴趣从事植物研究的学者。除了大量的医学著作和论文，让林恩哈特·法奇流芳百世的是他的植物学及医学著作，特别是1542年出版的《新草药手册》。这是第一部系统描述药用植物并对其进行科学命名的著作，具有重要的开创性和划时代性。该书内容近900页，对每一种植物都用了一整页加以说明，并附有511幅木版画。图谱在很长一段时期内主要被当作教学和医学研究资料，学生及医生依靠它来按图索骥。为了纪念林恩哈特·法奇的开创性的工作，植物学家普米尔·查尔斯（Plumier Charles）于1703年将灯笼海棠（fuchsia）以法奇的名字命名。林恩哈特·法奇亦被称为德国三大"草药学之父"之一。

◆林恩哈特·法奇研究场景管窥

小花烟草（Nicotiana Mas Minor）

上图：小花烟草（Nicotiana Mas Minor）[34]
图左下角德语注：Priapeia Vel Nicotiana Mas Minor.（普里亚皮的小花烟草）；
图右下角德语注：Schúúanf Krdúff oder Tabac Mennlin des Mainer.
（苏安·科度夫认为此烟草是美国缅因的门尼烟草）

蓝伯特·多东斯

Rembert Dodoens

（1517—1585）

蓝伯特·多东斯是一位伟大的佛兰德医生和植物学家，其拉丁名“Rembertus Dodonaeus”尤为著名。1530 年始，他在鲁汶大学（University of Leuven）研究医学、宇宙学和地理学等。1557 年，为潜心研究，他拒绝了鲁汶大学的主席交椅，也拒绝了成为西班牙皇帝菲利普二世的宫廷医生的提议。直到 1575—1578 年，蓝伯特·多东斯才在维也纳作为奥地利皇帝鲁道夫二世的宫廷医生。1582 年，他在莱顿大学（University of Leiden）任医学教授。

Cruijdeboeck.

In den welcken die gheheele historie/dat es Tgheslacht/tfatsoen/naem/natuere/cracht ende werckinghe/ van den Cruyden/ niet alleen hier te lande wassende / maer oock van den anderen vremden in der Medecijnen oorboorlijck/met grooter neersticheyt begrepen ende verclaert es/met der seluer Cruyden natuerlick naer dat leuen conterfeytsel daer by ghestelt.

Der hoochgheborene ende alder doorluchtichste Coninghinne ende Vrouwe/ Vrouw Marien Coninghinne Douaigiere van Hungheren/ ende Behemen &c. Regente ende Gouvernante van des K. M. Neerlanden/toegheschreuen.

Duer D. Rembert Dodoens/Medecijn van der stadt van Mechelen.

♦ *Cruijdeboeck* 封面

注：希腊神话中的雅辛托斯是太阳神阿波罗（Apollo）所钟爱的美少年，他在被阿波罗误杀后其血泊中长出了风信子花。

黄花烟草（Nicotiana rustica）（右）

Van Bilsen. Cap. lxxxix. ccclxxxi

Tsatloen.

Hyoscyamus niger.
Swerten Bilsen.

Hyoscyamus luteus.
Geelen Bilsen.

1 Swerte Bilsen heeft dicke saechte stelē ende groote/breede/saechte/weecke/wollach tige/aschverwighe gruene ghecloutē ende seer gesneden bladerē/sonderlinge die aen dat onderste van den stelen ende by die wortel wassen / want die aen die stelen groeyen sijn cleynder/smalder ende scerper. Die bloemen sijn binnen bruyn peersch ghelijck cleyne scellekens ghefatsoeneert ende als zy afgheresen sijn zoo volghen daer ronde huyskēs/ ghelijck pottekens met cleyne decksilkens toe ghedeckt/die in hayrachtighe ronde vel-lekens wassen die van voren open sijn ende vijf oft ses scerpe stekende punthens hebben. Ende dese pottekens staen deen boven den anderē lancx den steel ende daer in leyt dat saet dat bruynachtich es. Die wortel es lanck ende somtijts vinghers dick.

2 Geele Bilsen heeft breede witte saechte bladeren die niet ghekerft oft ghecloven en sijn/den bladeren van groote Mascaye volnaer ghelijck maer grooter/witter ende saech ter. Die bloemen sijn bleeck geel ende ront / ende als die vergaen zoo comen daer oock voort ronde huyskens volnaer ghelijck pottekens den swerten Bilsen pottekēs niet seer ongheliijck/daer in dat saet groeyet den anderen Bilsen sade aensielick. Ende dese pot tekens groeyen oock in een ront velleken / maer dit velleken es saecht ende en steeckt niet. Die wortel es teer. Dit gheslacht van Bilsen naer dattet sijn saet ghelevert heeft sterft tseghen winter/ende moet alle iaren van nieuws ghesaeyet worden.

MM ij Tderde

上右图：黄花烟草（Nicotiana rustica），出自蓝伯特·多东斯、查尔斯·勒克鲁斯编著的[35] *Crui jdeboeck*。该书中，烟草都被称为雅辛托斯（Hyacinthus Luteus）。

查尔斯·勒克鲁斯

Charles de L'Écluse

（1526—1609）

查尔斯·勒克鲁斯是16世纪佛兰德最有影响力的园艺科学家，是第一位将园艺科学化的学者。他不仅是植物学家，也是一位医生，更是一位人文主义者，被尊称为“美丽花园之父”。中国清代园明园的设计与查尔斯·勒克鲁斯有直接关系。植物界即以其名字“Clus”命名的。

左基石像：蓝伯特·多东斯
右基石像：查尔斯·勒克鲁斯

◆ *Cruijdeboeck* 封面

普通烟草（Nicotiana tabacum）（上）黄花烟草（Nicotiana rustica）（下）

HET XXII. CAPITEL.

Van het Bilsen-cruydt van Peru oft Taback, anders Nicotiana oft Petum gheheeten.

Gheslacht.

IN het voorgaende Capittel hebben wy van een vier gheslacht van Bilsen-cruydt vermaent / uyt Peru o West-Indien hier te lande onlanghs overghesonden. D sullen wy nu gaen beschrijven.

Bilsen-cruydt van Peru oft Petun, Nicotiana oft Taback gheheeten.

Geel Bilsen-cruydt.

ghelijckende doch breeder van die / sacht / bleeck groen ende met dunne dons oft wolachtigheydt bedeckt. Dese bladeren houden somwijlen soo vast aen den steel / dat sy den selven schijnen te omhelsen / als hier in de eene schilderije ghesien magh worden: somwijlen staet elck bladt op een langhachtigh steelken als in dese andere schilderije te aenmercken is. De bloemen zijn langhworpigh van maecksel / binnen hol / grooter ende wijder openstaende dan die van Geel Bilsen-cruydt / in de ronde vijfhoeckigh / van verwe bleeck peersch / ende aen de kanten bijnae witachtigh. De saedthuyskens ende saden zijn als die van Geel Bilsen-cruydt. De wortel is dickachtigh / in verscheyden tacxkens oft kleyne wortelkens ghespleten ende verdeylt.

Ander ghedaente van Petun.

¶ Plaetse. Dit gewas is nu onlanghs eerst uyt het landtschap van West-Indien oft America / datmē Peru noemt / in Europa gebroght geweest; waer dat het in de hoven gesaeyt zijnde weeldighlijck ghenoegh plegh te groeyen / ende in 'tselve iaer dat het uytghesproten is / volkomen te worden / ende somtydts rijp saedt te krijghen.

¶ Tijdt. Men saeyt dit gewas in de Lente: omtrent de Oogstmaendt oft wat laeter komen de bloemen voort: daer nae volght het saedt. De wortel vergaet des winters: daerom moetmen dit cruydt alle iaer oft ten minsten alle twee iaeren vernieuwen.

¶ Naem. Men noemt dit ghewas hier te lande Petun oft Taback / nae den naem die het heeft in de landen daer het eerst van ghebroght is: want de inwoonders van America heeten't Petun, ende / soo Nicolaus Monardis seydt / Tabaco. In't Latijn noemen't sommige Nicotiana, andere Herba sacra, oft Sancta herba, dat is Heyligh cruydt. Wy heeten't Hyoscyamus Peruvianus, dat is Bilsen-cruydt van Peru. Want dat het een soorte van Bilsen-cruydt is / blijckt ghenoegh uyt de ghedaente met die van Geel Bilsen-cruydt over een komende / ende oock uyt de krachten die het heeft; de welcke oock die van Bilsen-cruydt niet onghelijck worden bevonden te zijn.

¶ Aerd, Kracht ende Werckinghe. Petun oft Taback maeckt den mensche slaperigh / kranckisinnigh / ende soo van herssenen gestelt oft ontstelt / al oft hy dronckn waer / alsmen anders niet dan den roock daer van inneemt / soo Andreas Thevetus betuyght. Welcke werckinghen

尼古拉·鲍蒂斯塔·莫纳德斯

Nicolás Bautista Monardes

(1493—1588)

尼古拉·鲍蒂斯塔·莫纳德斯是西班牙的内科医生、植物学家，植物学界以其名字命名了香蜂草（Monarda）。

尼古拉·鲍蒂斯塔·莫纳德斯在他的 *Historia medicinal de las cosas que se traen de nuestras Indias Occidentales* 一书中有印第安人使用烟草与古柯植物的记载：“他们把古柯叶和烟叶一起嚼，麻醉他们自己。”“看印第安人多么渴望麻痹自己的头脑，是一件很值得考虑的事”。此书分别在 1565 年、1569 年、1574 年以不同书名出版了三次，并于 1580 年再版。1574 年，查尔斯·勒克鲁斯将其译成拉丁文。1577 年，约翰·弗兰普（John Frampton）将其译成英文，以 *Joyful News out of the Newe Founde World*（来自新大陆的趣闻）为书名在伦敦出版。

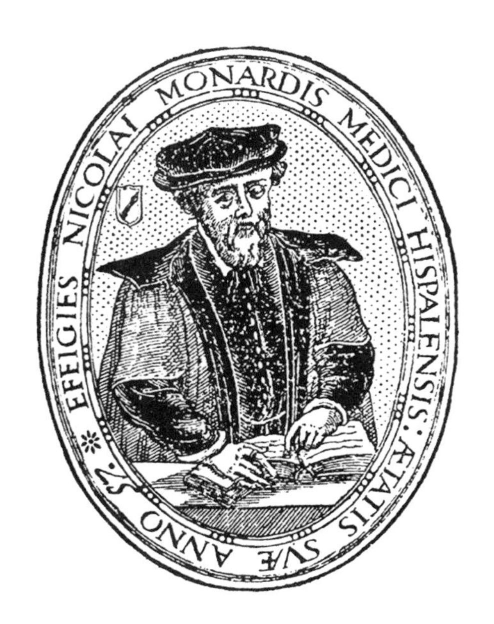

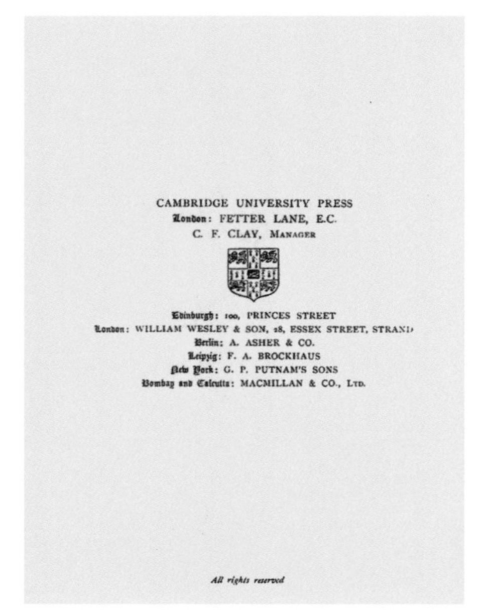

CAMBRIDGE UNIVERSITY PRESS
London: FETTER LANE, E.C.
C. F. CLAY, Manager

Edinburgh: 100, PRINCES STREET
London: WILLIAM WESLEY & SON, 28, ESSEX STREET, STRAND
Berlin: A. ASHER & CO.
Leipzig: F. A. BROCKHAUS
New York: G. P. PUTNAM'S SONS
Bombay and Calcutta: MACMILLAN & CO., Ltd.

All rights reserved

◆ *Joyful News out of the Newe Founde World* 版权页

普通烟草（Nicotiana tabacum）

书注[36]：Tobaco=Nicotiana Tobacco
意为：Tobaco（西班牙语“烟草”）即Nicotiana Tobacco（英语“烟草”）

皮埃尔·佩纳

Pierre Pena

（1535—1605）

马蒂阿斯·德·罗贝尔

Matthias de L'Obel

（1538—1616）

美国布朗大学藏有法国植物学家皮埃尔·佩纳和法国法医学家马蒂阿斯·德·罗贝尔于1571年，在英国伦敦出版的拉丁语合著 *Stripium adversaria Nova*（新草药手记）[37]，内有1300多个植物的笔记和数据。有评论说：“其开创了腊叶标本的先河”。书中烟草图源自尼古拉·鲍蒂斯塔·莫纳德斯，旁边还画上了印第安吸烟者形象，烟管形状类似同时代中国西南地区土司所用烟管。

STIRPIVM aduerſaria noua.

Symphyti de figura & habitu ipſo conferenda eſt, ſed etiam effectionibus ad interna & externa incommoda, eidem & cuilibet Pannaci decantatiſsimæ præferenda. Non eſt tamé Symphyti ſpecies, tantò minus πετίου Dioſcori. ſit, licet viſum fuit quibuſdam : at illud eſt noſtrum Symphytum vulgi magnũ, tametſi iiſdem riguis, nempe pinguibus & apricis gaudeat, proueniatq; foliis prægrandibus, oblongis, hirſutis, Symphyto magno, latioribus, rotũdiorib⁹, Bardanę Hyoſchyamo luteo concoloribus, multis è radice exili Lactucæ, multum fibroſa: ſcapus exit trium cubitorum in Frãcia, Belgio, & Anglia: ſæpiſsimè quatuor & quinque proceritate, quum maturè ſatum ſemen in calidioribus tractibus Aquitanię & Linguagotię: florum calatos Auguſto fert, herbaceo pallore nonnihil punicantes, vnciales : ſemenque maturat in calyculis exilibus admodum, & ſimilibus Hyoſchyamo Luteo, vnde nonnulli putant Hyoſchyamum luteum huius ſpeciem eſſe: & ſanè vtrique pluſculum caloris ineſt. Quare nec Hyoſchyamus eſſe poteſt; quòd illis perſuaſum fuit, quia vidiſſent non paucos huius fumo hauſto temulentos fieri. Videas enim naucleros pleróſque omnes qui iſthinc rediunt geſtare puſilla infundibula ex folio Palmæ aut ſtorea confecta, quorum lateri extremo inſerta ſunt conuoluta folia & comminuta ſiccata huius plantæ: iſtud illi accendunt igne, atque hianti ore quantum plurimùm poſſunt, inſpirando fumum ſugunt, vnde ſibi famen ſitimque ſedari, vires inſtaurari, ſpiritus exhilarari aſſerunt: ſopirique iucunda ebrietate cerebrum, dictitant : incredibilem pituitæ copiam plerumque educi: Quod ipſi dum hauriremus, experti ſumus : non tamen citò inebriat, nec frigore dementat, vt Hyoſchyamus, ſed quadam aromaticitate vapida ventriculos cerebri imbuit. Hyoſchyami illius lutei nullũ factum à nobis certum periculum, Iſtius verò *Sanctæ herbæ* vocatæ iam vbique increbuit fama : ſanè ad vlcera, vulnera, thoracis affectus, tabemq; pulmonũ, ea nihil noui nouit ex nouo Orbe noſtra ætas præſentius, aut efficacius, quemadmodum inter remedia dicetur.

PVLMONARIA, maculoſa folio Borrag. floribus Primulæ Veris, purpureis.

Gallis. Herbe aux Pulmons.
Belgis. Onſer vrouwen melckcruyt.
Ang. Sage of Ieruſalem.

CONSVLTIVS huc hæc fuit dilata, non enim magis dicta Plinii *Pulmonaria* ob effigiem foliorum, quàm propter vires pulmonibus non ſecus laudatæ atque *Symphitũ*, cui congener eſt, nec parum ſimilis, hirſutis calyculis florum *Primulæ*, prima vernatione eleganter purpurantibus, in cauliculis mollioribus, ſeſquipalmaribus : foliis item ſuperficie

普通烟草（Nicotiana tabacum）

图注：Nicotiana & inserta infundibulo ex quo bauriunt fumh Indi & nru cleri
烟草及用烟斗吞云吐雾的诺里克因印第安人（拉丁语）

卡斯帕·伯根

Caspar Bauhin
(1560—1624)

卡斯帕·伯根是瑞士植物学家，其巨著 *The Pinax theatri botanici*（植物图解，英文版为 *Illustrated exposition of plants*）对约6000种植物进行了描述和分类，是植物史上划时代的里程碑。卡斯帕·伯根更重要的贡献在于对属和种的描述，为后来林奈的“双名法”开辟了道路。此外，卡斯帕·伯根还从事人体解剖学工作，他于1588年后，先后任巴塞尔（Basel）大学解剖学和植物学的主席、巴塞尔大学校长，以及教师学院院长等。

Das Ander Buch / Von Kräutern.

Das XII. Cap.

Von Indianischen Veyeln.

Von den Namen.

Von der Natur / Krafft / Würckung und Eigenschafft der Monveyeln.

Innerlicher Gebrauch der Monveyeln.

Von den Namen.

◆ 1731年，以卡斯帕·伯根等人资料编撰的 *Kräuter buch*（新草药全书）内页

巴比德烟草（Nicotiana burbidgeae）[38]

巴比德烟草（Nicotiana burbidgeae）

D. JACOBI THEODORI
TABERNÆMONTANI
Neu vollkommen
Kräuter-Buch/
Darinnen
Uber 3000. Kräuter/ mit schönen und
künstlichen Figuren/ auch deren Underscheid und
Würckung/ samt ihren Namen in mancherley Sprachen/
beschrieben:
Erstlichen durch
CASPARUM BAUHINUM, D.
und Profess. Basil. mit vielen neuen Figuren/
nutzlichen Artzneyen/ und anderem/ mit
sonderem Fleiß gebessert;
Zum Andern
Durch HIERONYMUM BAUHINUM, D.
und Profess. Basil. mit sehr nutzlichen Marginalien,
Synonimis, neuen Registeren und
anderem vermehret.
Und nun zum vierdten mahl aufs fleissigst übersehen/
Gedruckt zu BASEL/
In Verlegung Johann Ludwig Königs/ Buchhändlern/
der Zeit in Offenbach am Mayn/ 1731.

♦ *Kräuter buch* 封面

und zarte Wurtzel fast einer Spannen hoch. [Man hat es auch mit gefüllten Blumen.]

Von den Namen.

MAriengläcklein werden Lateinisch genennet Viola Mariana, oder Medium Dioscoridis, darvon Matthiolus und Lobelius in seinen Adversarus.

[Campanula hortensis folio & fl. oblongo, C. B. Medium, Matth. Ges. hort. vulgare, Cam. Rapi syl. genus maximum, Ges. hort. Viola Mariana, Ges. hort. Ad. Lob. ic. & obs. Dod. Lugd. Clus. hist. Alba & purpurea, Ger. Rapunculi alterum genus grandius, Cæs.] Griechisch Medion. Welsch *Medio, Viola Mariana.* Teutsch Marienglocken oder Glockenblumen.

Von der Natur/ Krafft/ und Eigenschafft der Mariengläcklein.

DIe Wurtzel ist kalter und truckener Natur/ hat ein zusammenziehende Art. Aber der Saame ist warm und trucken. Es schreibet Galenus lib. 7. de simp. med. facul. Daß der Saame in Wein getruncken/ treibet die verstandene Zeiten der Frauen: Die Wurtzel aber genützet/ stopffe die übrige Flüß der Weiber. Worzu sie weiter zu gebrauchen/ ist noch unbewust.

[Von den unsern isset man in der Fasten in Engelland und in Niederland die Wurtzel in Salat/ wie unser Rapuntzel/ deren es nicht sehr ungleich ist.]

Das XIV. Cap.

Von Glöcklein.

DJese beyde Kräuter haben ihren Namen von der Form und Gestalt ihrer Blumen/ welche sich einer Glocken vergleichen: Beyde Geschlecht sind einander fast gleich. I. Das Milchglöcklein hat unten am Stengel/ breite glatte und schwartzgrüne Blätter/ gleich dem Nachtschatte/ oben am Stengel sind sie klein und spitzig. Die Wurtzel ist dick gantz voller Milch/ daher sie auch den Namen hat. Aus der Wurtzel kommen dünne Stengel fast hoch/ daran die lustige schöne Himmelsblaue [oder weisse] Glöckleinblumen herfür kommen/ gleich einer Schellen oder Glöcklein/ in der Mitte gantz rund/ und an den Ecken

♦ *Kräuter buch* 中有关 G 型黄花烟草的描述，
简要描述了相关文献刊载此烟草的概况

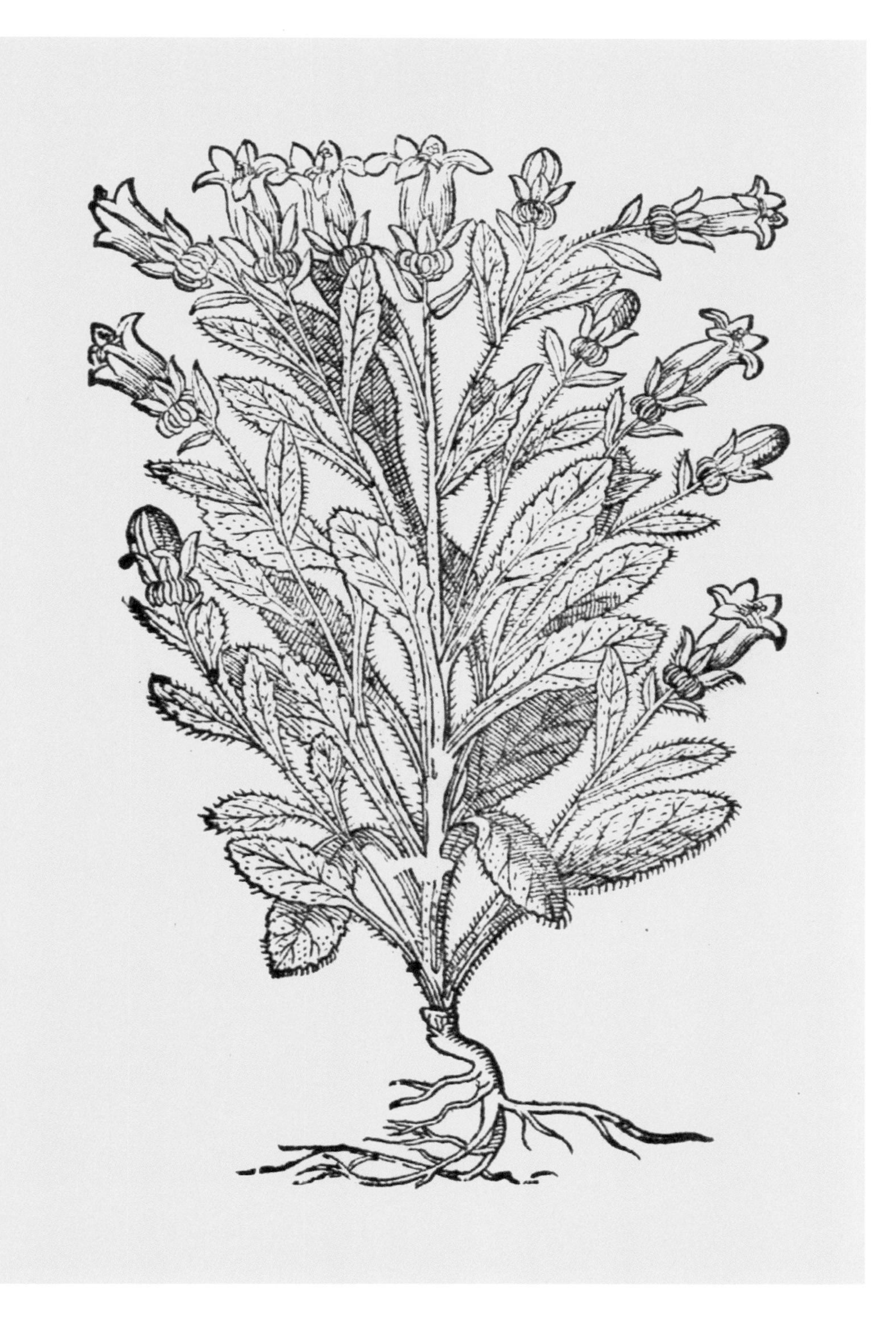

黄花烟草（Nicotiana rustica）

Neu Vollkommen

Kräuter-Buch,

Mit schönen und künstlichen Figuren / aller

Gewächs der Bäumen / Stauden und Kräutern / so in denen Teutschen und Welschen Landen / auch in Hispanien / Ost- und West-Indien / oder in der Neuen Welt wachsen / deren ein grosser Theil eigentlich beschrieben / auch deren Underscheid und Würckung / sambt ihren Nahmen in mancherley Sprachen angezeigt werden / dergleichen vormahls nie in keiner Sprach in Truck kommen:

Das Erste Theil /

Darinn viel und mancherley heilsamer Artzney vor allerley innerlichen und äusserlichen Kranckheiten / beyde der Menschen und des Viehes / sambt ihrem nützlichen Gebrauch / beschrieben werden / es sey mit Träncken / Säfft / Syrupen / Conserven / Lattwergen / Wassern / Pulver / Extracten / Oelen / Saltz / Salben / Pflastern und dergleichen: Darinnen auch über tausend hochbewährte vortreffliche Experiment / und heimliche Künste angezeigt werden.

Allen Aertzten / Apotheckern / Wundärtzten / Schmieden / Gärtnern / Köchen / Kellern / Hebammen / Haußvättern / und allen andern Liebhabern der Artzney sehr nutzlich: Auß langwiriger und gewisser Erfahrung / unserem geliebten Vatterland zu Ehren / mit sonderem Fleiß treulich beschrieben /

Durch

JACOBUM THEODORUM TABERNÆMONTANUM

der Artzney Doctorem, und Chur-Fürstlicher Pfaltz Medicum, so an diesem Werck 36. Jahr colligirt / auch etwerliche Kräuter und Gewächs / den mehrertheil selbsten gebraucht / und fleißig beschrieben hat.

Erstlichen durch

CASPARUM BAUHINUM, D. und Profess. Basil. mit vielen neuen Figuren / nutzlichen Artzneyen / und anderem / mit sonderem Fleiß gebessert;

Zum Andern durch

HIERONYMUM BAUHINUM, D. und Profess. Basil. mit sehr nutzlichen Marginalien, Synonimis, neuen Registern und anderem vermehret.

Und nun zum vierten mahl auffs fleissigst übersehen / an unzahlbaren Orten absonderlich verbessert / an scheinbaren Mängeln durchaus ergäntzt / und endlichen zu hocherlangter Vollkommenheit gebracht.

Gedruckt zu BASEL /

Auff Unkosten und im Verlag Johann Ludwig Königs / Buchhändlern / der Zeit in Offenbach am Mayn.

M DCC XXXI.

◆ *Kräuter buch* 封一

A der wunderlichen Enderung der Farben an den Blumen an einem Stock / darum dann auch zu Wien in Oesterreich von den Weiberen / gescheckt Indianische Blumen genennet werden / Die Frantzosen nennens Chausses des Suisses, das ist Schweitzerhosen / nicht allein von wegen vielerley Farben / sondern auch von der Form der Blumen / wann sie sich beschliessen / jedoch ist es aus Peru erstlich geschickt worden unter dem Namen Hachal Indi. von Italiänern Gelsomini de Spagna. [Solanum Mexicanum flore magno, C. B. magnæ admirationis herba Peruviana, Lob. Cl. Mirabiles del Peru & Hachal Indi, Clus. pan. Admirabilis Peruviana Eid. hist. Gelsiminum rubrum & Mandragora Theophr. Cæs. Gelsiminum sive Jasminum Indicum, Cam. Jasminum rubrum

B Dalechamp. Lugd. Mirabilia Peruviana, Ger.]

Von der Natur / Krafft / und Würckung der Indianischen Veyeln.

ES geben etliche für / daß dieses Gewächs etwas warmer Natur / mit einer zusammenziehenden Krafft seyn solle. Wird aber mehr Lust / dann Nutzes halbes in den Lustgärten gepflantzet.

Uberflüßige Feuchte außtreiben. Kalte Geschwulst.

[Es wöllen etliche / daß die Wurtzeln auf zwey Quintlein schwär genommen in Leib / treibe seyn die überflüßige Feuchtigkeit aus dem Leib / Andere wollen daß die Wurtzeln über kalte Geschwulsten gelegt / zertheile dieselbige.]

C

Das XIII. Cap.

Von Weiß Marienglöcklein.

Weiß Marienglöcklein.

I. Viola Mariana alba.

D

E

Marienglöcklein.

MArienglöcklein ist zweyerley / weiß und braune / beyde Geschlecht ist ein raubes häriges Gewächs an Blattern / Stengeln und Blumen: Der Stengel wächst fast zweyer Elen hoch / daran grosse runde Blumen / gleich wie kleine langlechte Glöcklein / (welchen ein fünffeckicht Knöpfflein folget / so inwendig in fünff Theil getheilet / und einen kleinen braunfarben Saamen beschleußt /) haben ein weisse

◆ *Kräuter buch* 中有关 D 型黄花烟草的描述，简要描述了相关文献刊载这种烟草的概况

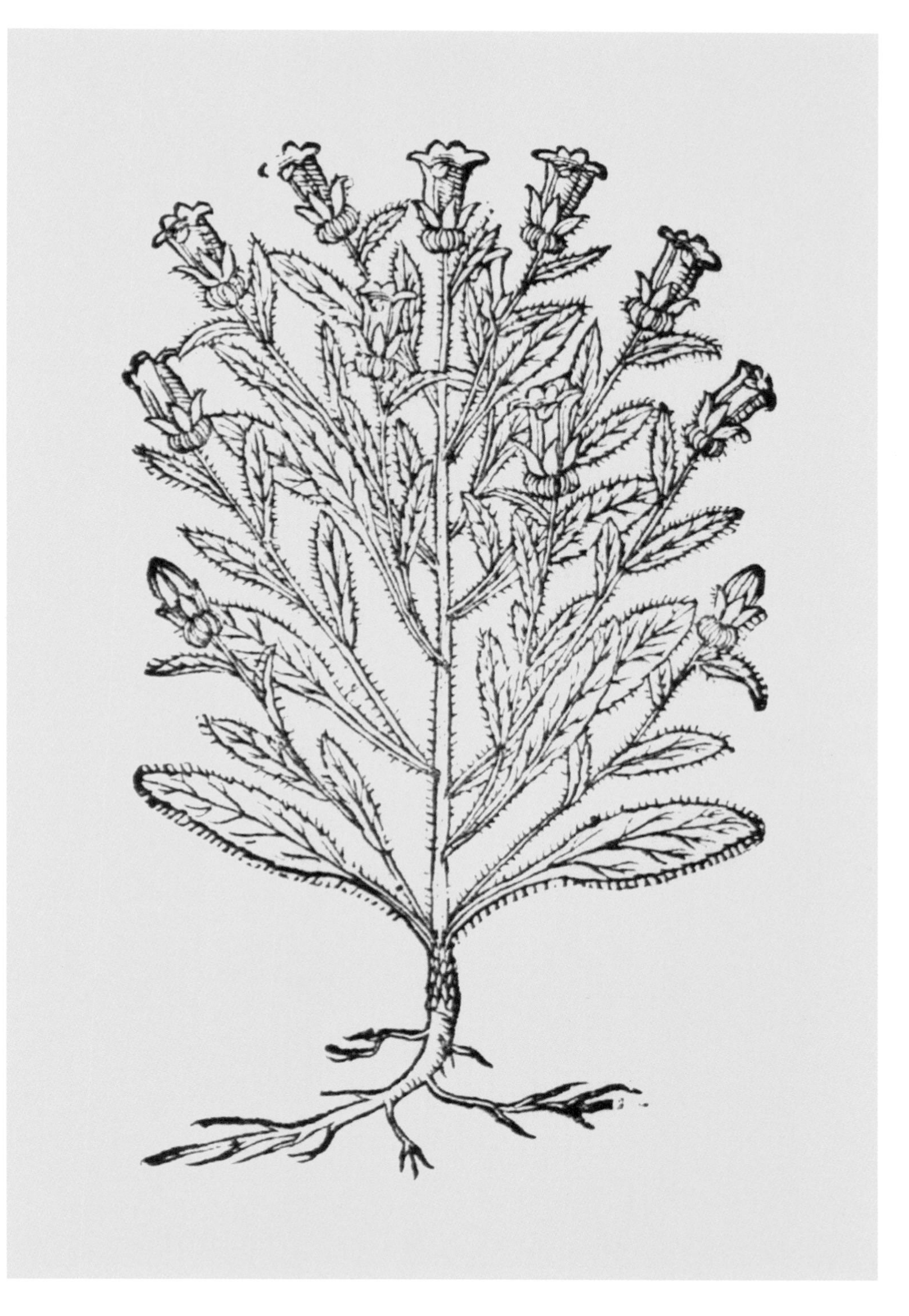

黄花烟草（Nicotiana rustica）

普米尔·查尔斯

Plumier Charles
（1646—1704）

普米尔·查尔斯是法国伟大的植物学家，他曾 3 次前往西印度群岛，进行植物探险，于 1707 年出版大部头的系列巨著 *Nova Plantarum Americanarum Genera*（美洲新植物属），并因此被任命为法国国王路易十四的植物学家。普米尔·查尔斯还致力于数学和物理学的研究，以及制作物理仪器，是一位出色的绘图员、画家和车工。普米尔被认为是他那个时代最重要的植物探险家之一。令人叹而惋惜的是，普米尔·查尔斯在即将开始他的第四次探险时因胸膜炎病逝，留下 31 份包含笔记和描述植物的手稿，约有 6000 幅图稿。18 世纪的自然科学家对普米尔·查尔斯钦佩有加，图内福尔（Tournefort）和林奈（Linnaeus）以他的名字命名鸡蛋花属鸡蛋花。每年红色、黄色的鸡蛋花盛开时，就好似普米尔·查尔斯又带来积极的、富有生命力的希望。

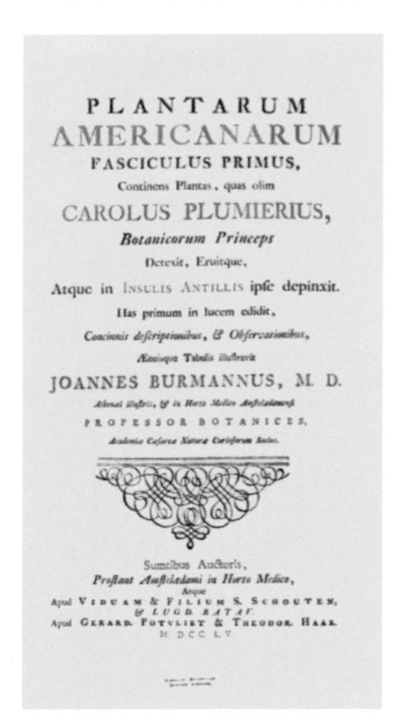

PLANTARUM
AMERICANARUM
FASCICULUS PRIMUS,
Continens Plantas, quas olim
CAROLUS PLUMIERIUS,
Botanicorum Princeps
Detexit, Eruitque,
Atque in INSULIS ANTILLIS ipse depinxit.
Has primum in lucem edidit,
Concinnis descriptionibus, & Observationibus,
Æneisque Tabulis illustravit
JOANNES BURMANNUS, M. D.
Athenæi illustris, & in Horto Medico Amstelædamensi
PROFESSOR BOTANICES,
Academiæ Cæsareæ Naturæ Curiosorum Socius.

Sumtibus Auctoris,
Prostant Amstelædami in Horto Medico,
Atque
Apud VIDUAM & FILIUM S. SCHOUTEN,
& LUGD. BATAV.
Apud GERARD. POTVLIET & THEODOR. HAAK.
M DCC LV

◆ *Plantarum Americanarum Fasciculus Primus* [39] 封面

◆弗里斯·科尔达托-克若纳提烟草（Nicotiana foliis cordato-crenatis）花案：此种样式的烟草图符可以在中国古代文物中窥见

弗里斯·科尔达托-克若纳提烟草（Nicotiana foliis cordato-crenatis）

约瑟夫·皮顿·图内福尔

Joseph Pitton de Tournefort

（1656—1708）

约瑟夫·皮顿·图内福尔是法国植物学家，他于1683年被任命为巴黎植物园的植物学教授。在此期间，他走遍了西欧，特别是比利牛斯山脉，在那里收集了大量标本。1700—1702年间，他游历了希腊的岛屿，并探访了黑海、亚美尼亚和格鲁吉亚的君士坦丁堡，收集植物并进行其他类型的野外观察。约瑟夫·皮顿·图内福尔是第一位明确定义植物属概念的植物学家。“植物标本（herbarium）”一词就是约瑟夫·皮顿·图内福尔创造的。他的植物标本馆位于巴黎的国王花园（Jardin du Roi），里面收集了6963个标本，现在是法国国家自然历史博物馆的一部分。普米尔·查尔斯是他的植物学向导，曾陪伴其进行野外探险。约瑟夫·皮顿·图内福尔于1700—1703年在法国巴黎出版的 *Institutiones Rei Herbariæ*（植物园）一书中收录了烟草花和蒴果插画。

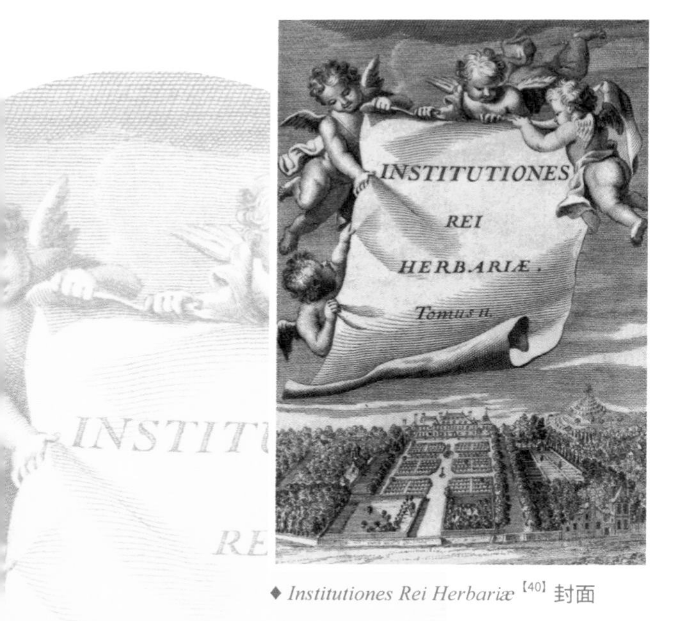

◆ *Institutiones Rei Herbariæ* [40] 封面

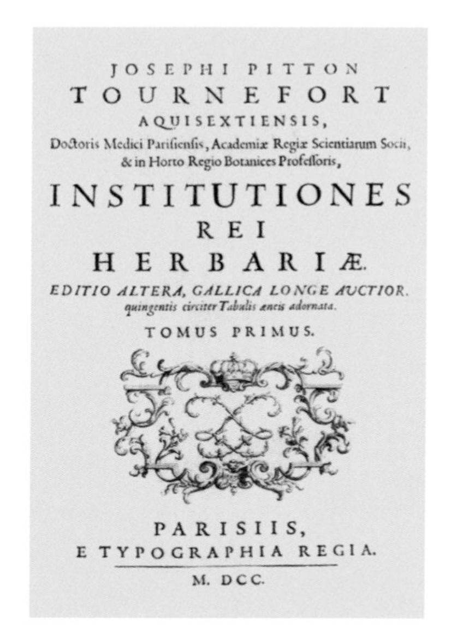

JOSEPHI PITTON
TOURNEFORT
AQUISEXTIENSIS,
Doctoris Medici Parisiensis, Academiæ Regiæ Scientiarum Socii, & in Horto Regio Botanices Professoris,
INSTITUTIONES
REI
HERBARIÆ.
EDITIO ALTERA, GALLICA LONGE AUCTIOR,
quingentis circiter Tabulis æneis adornata.
TOMUS PRIMUS.

PARISIIS,
E TYPOGRAPHIA REGIA.
M. DCC.

◆ *Institutiones Rei Herbariæ* 扉页

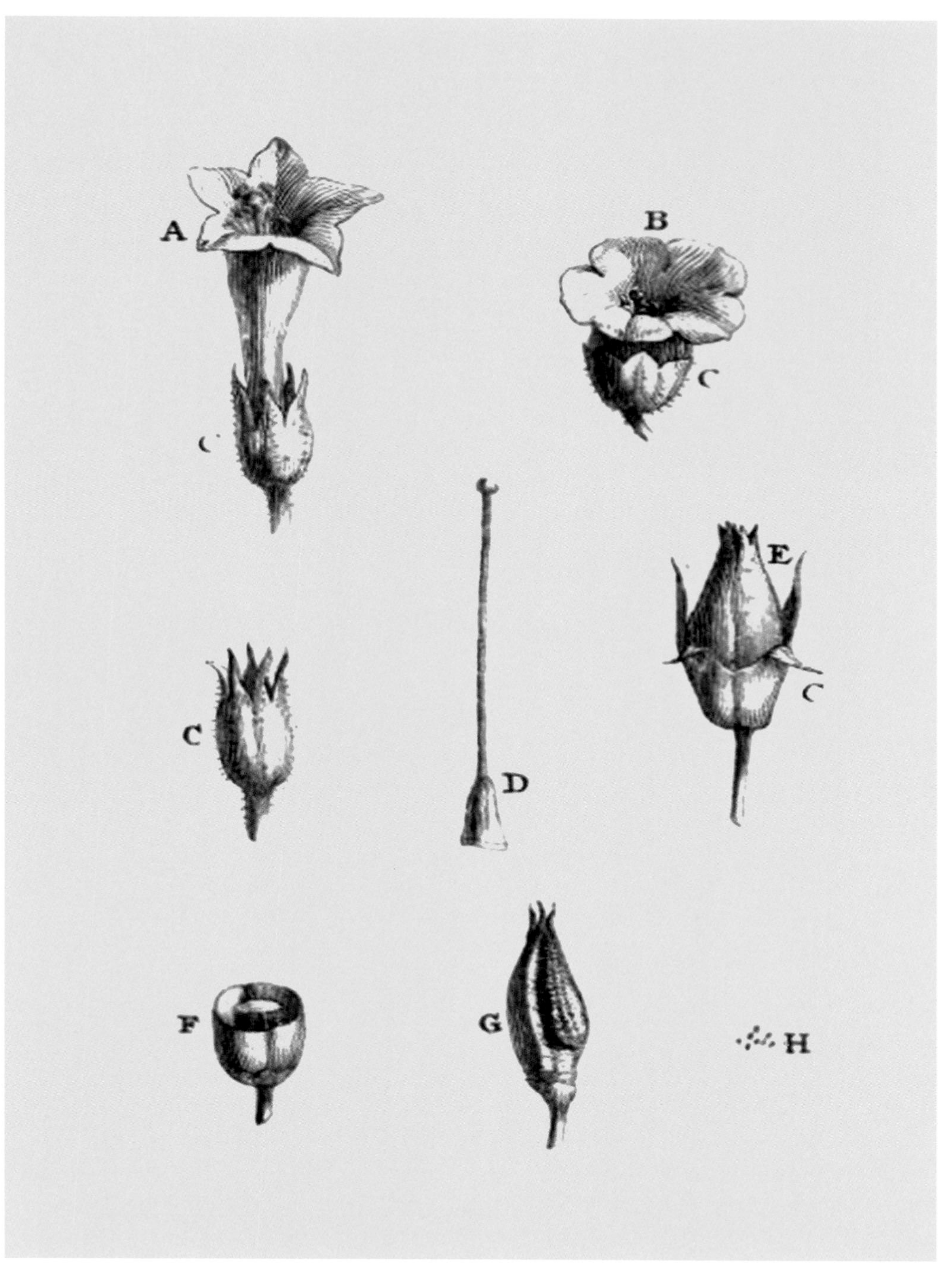

烟草花及蒴果

A、B 花；C 花托；D 花柱；E 蒴果；F 蒴果剖面；G 塑果剖位；H 花粉

■威廉·塞蒙

William Salmon
(1644—1713)

英国医生和医学文献作家威廉·塞蒙通过翻译、编辑其他人的文本，以创建流行的书籍，强调实践而不是理论，并经常推销自己的药物。据称，作为一个关于广泛医学主题的多产作家，威廉·塞蒙的作品在他那个时代曾被广泛阅读。1710年，威廉·塞蒙出版了*Botanologia, The English Herbal, or, History of Plans*（植物学·英国草药·植物史），书中收录了部分烟草图。

◆ *Botanologia, The English Herbal, or, History of Plants* [41] 封面

黄花烟草（Nicotiana rustica）

伊丽莎白·布莱克韦尔

Elizabeth Blackwell

(1707—1758)

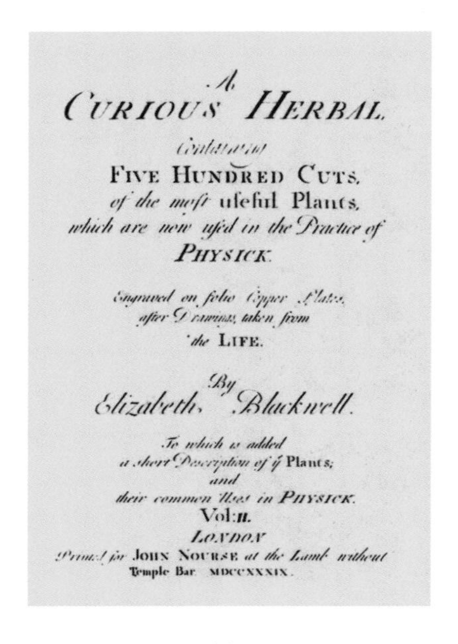

A
CURIOUS HERBAL
Containing
FIVE HUNDRED CUTS,
of the moſt uſeful Plants,
which are now uſed in the Practice of
PHYSICK.

Engraved on folio Copper Plates,
after Drawings, taken from
the LIFE.

By
Elizabeth Blackwell.

To which is added
a short Description of ye Plants;
and
their common Uses in PHYSICK.
Vol: II.
LONDON
Printed for JOHN NOURSE at the Lamb without
Temple Bar. MDCCXXXIX.

◆ *A Curious Herbal* 封面

◆套色版画小花烟草（Nicotiana minor）[42]

苏格兰植物画家、版画艺术家和雕刻家及作家伊丽莎白·布莱克韦尔，以画植物插图闻名。1737—1739 年间，伊丽莎白·布莱克韦尔陆续出版了 *Medicinal Plants*（药用植物）、*A Curious Herbal*（神奇草药）等著作，展示了许多来自新世界的奇怪和未知植物，这些著作在当时被作为药用植物的参考用书，供医生和药剂师们使用。其中，*A Curious Herbal* 中收录了以套色版画呈现的小花烟草。

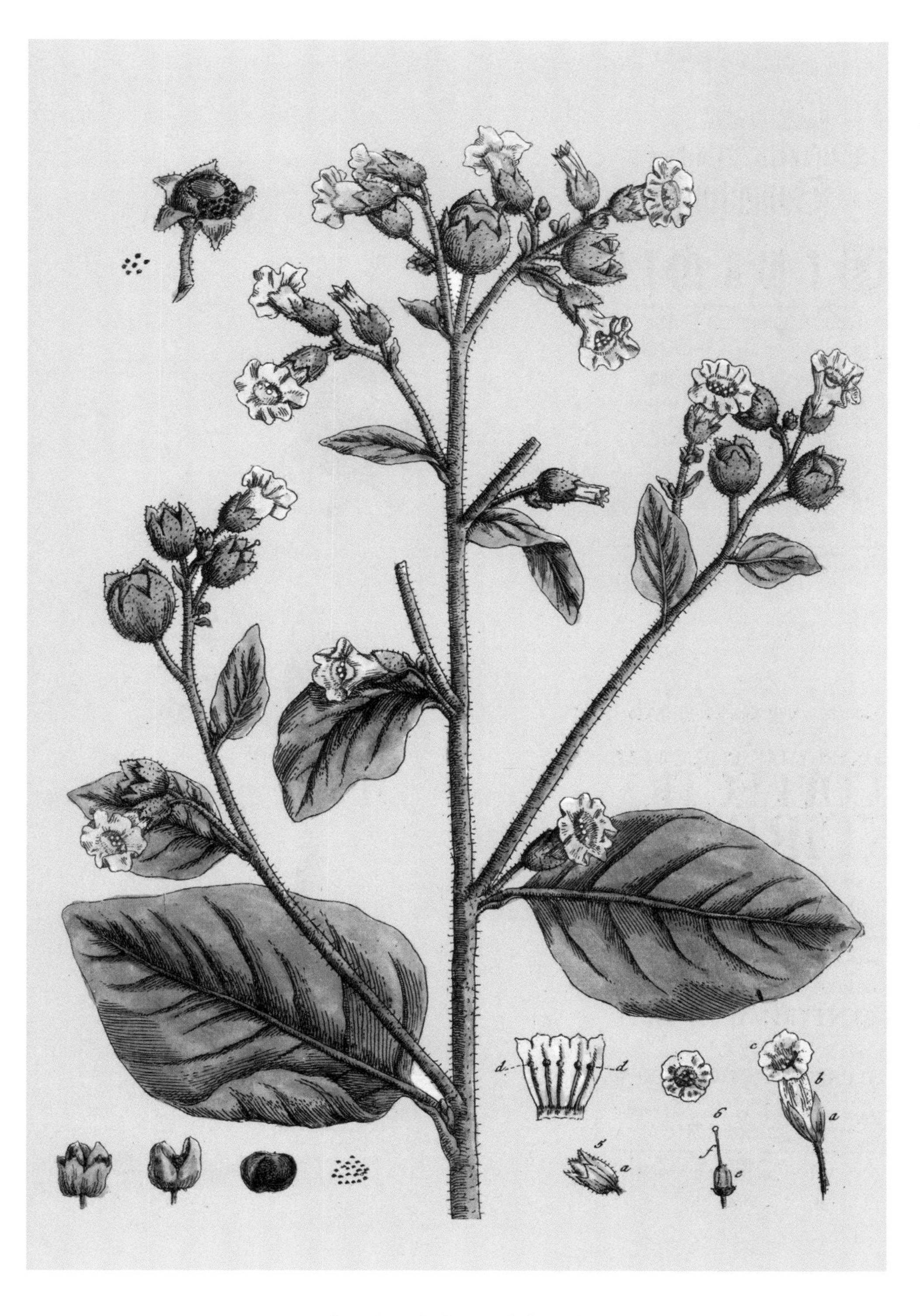

小花烟草（Nicotiana minor）

Vermehrtes und verbessertes
Blackwellisches Kräuter-Buch
das ist
Elisabeth Blackwell
Sammlung
der
Gewächse
die zum Arzney-Gebrauch in den Apothecken aufbehalten werden
deren Beschreibung und Kräfften
aus dem Englischen übersetzt angezeiget
die Abbildung grossen Theils nach der Natur verbessert
mit Beyfügung
der Theile der Blume und Frucht
wie auch
des äuserlichen Ansehens eigenen Kennzeichen vermehret
und alle Arten
mit bewährten Nahmen der Kräuter-Lehrer erläutert werden
Fünftes und letztes Hundert
Mit einer Vorrede
Tit. Pl.
Herrn D. Christoph Jacob Trews
Verlegt gemahlet und in Kupfer gestochen
von
Nicolaus Friederich Eisenberger
Hochfürstl. Sachsen-Hildburghäusischen Hof-Mahler in Nürnberg
Nürnberg gedruckt bey Christian de Launoy seel. Erben
1765.

◆ *Collectio Stirpivm* 封面

HERBARIVM BLACKWELLIANVM
EMENDATVM ET AVCTVM
ID EST
ELISABETHAE BLACKWELL
COLLECTIO
STIRPIVM
QVAE
IN PHARMACOPOLIIS AD MEDICVM VSVM ASSERVANTVR
QVARVM
DESCRIPTIO ET VIRES
EX ANGLICO IDIOMATE IN LATINVM CONVERSAE SISTVNTVR
FIGVRAE MAXIMAM PARTEM AD NATVRALE EXEMPLAR EMENDANTVR
FLORIS FRVCTVSQVE PARTIVM REPRAESENTATIONE AVGENTVR
HABITVS EXTERNI NOTAE PROPRIAE ADDVNTVR
ET OMNES SPECIES
PROBATIS BOTANICORVM NOMINIBVS
ILLVSTRANTVR
CENTVRIA V. VLTIMA
CVM PRAEFATIONE
TIT. PL.
D. D. CHRISTOPH. IACOBI TREW
EXCVDIT FIGVRAS PINXIT ATQVE IN AES INCIDIT
NICOLAVS FRIDERICVS EISENBERGERVS
SERENISS. DVCIS SAXO-HILDBVRG. PICTOR AVLICVS
NORIMBERGAE DEGENS
NORIMBERGAE
TYPIS CHRISTIANI DE LAVNOY HEREDIS
Anno MDCCLXV.

◆ *Collectio Stirpivm* 扉页

◆雕版彩印小花烟草（Nicotiana minor）[43] 蒴果及花

小花烟草（*Nicotiana minor*）

▪林奈·卡尔·冯

Linné Carl von

（1707—1778）

1735 年，瑞典植物学家林奈·卡尔·冯在他的 *Systema Natvrae*（自然系统）中，提出以植物的雌蕊和雄蕊的数目进行植物分类的方法。1753 年，他又发表巨著 *Species Plantarum*（植物种志），书中共收集了 5938 种植物，并用“双名法”对植物进行统一命名。林奈·卡尔·冯将他所知道的生物以及矿物，统一在自己的分类体系之中。他一生命名过 7700 种植物、4400 种动物，其中的大多数命名至今依然在使用。

普通烟草（Nicotiana tabacum L.）[44] 命名人缩写“L.”即“Linné”的首字母，代表着普通烟草的命名人为林奈·卡尔·冯。

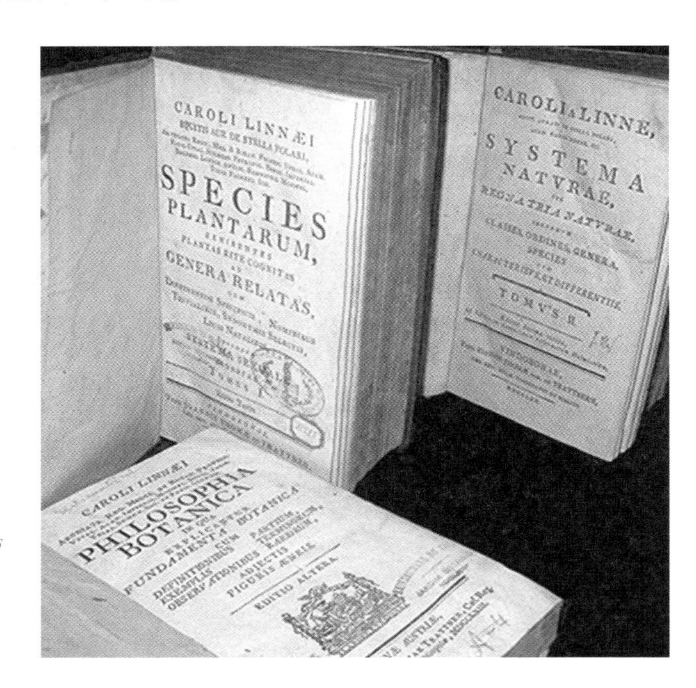

◆ *Systema Natvrae* 和 *Species Plantarum* 扉页

普通烟草（*Nicotiana tabacum*）

普通烟草（Nicotiana tabacum）［45］

黏烟草（Nicotiana glutinosa）[46]

佩特鲁斯·坎波

Petrus Camper
(1722—1789)

佩特鲁斯·坎波是荷兰解剖学家、人类学家和博物学家，以及家具制造商、雕塑家和艺术赞助人，他是最先关注自身比较解剖学和古生物学的先驱之一。佩特鲁斯·坎波还开创了面部角度的测量方法，如今已发展成广为应用的面部识别技术。1749 年，佩特鲁斯·坎波与林奈·卡尔·冯主编，出版了 *Amoenitates Academicæ*（学术成就），其卷末附有一幅划时代意义的烟草靶向危害图，显示出当时学界对烟草的辩证认识、实验成就和远见卓识。

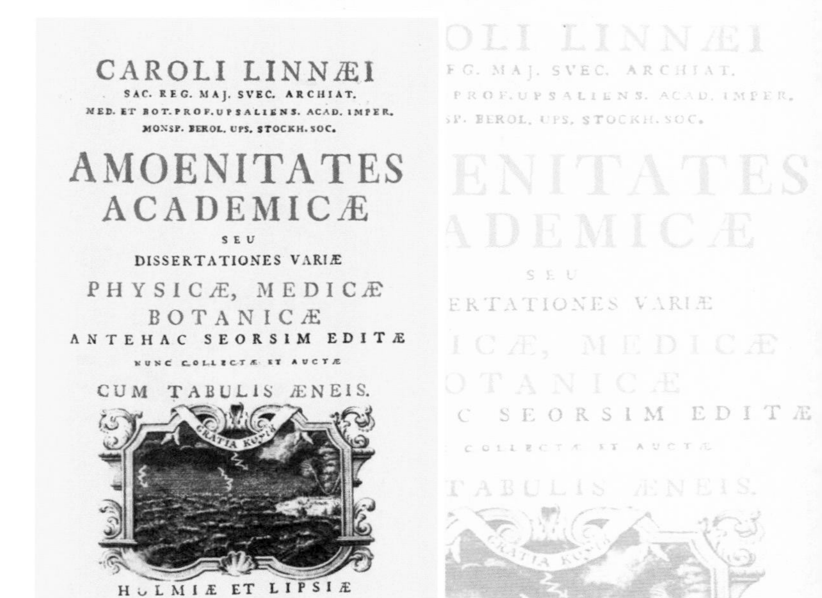

CAROLI LINNÆI
SAC. REG. MAJ. SVEC. ARCHIAT.
MED. ET BOT. PROF. UPSALIENS. ACAD. IMPER.
MONSP. BEROL. UPS. STOCKH. SOC.

AMOENITATES
ACADEMICÆ
SEU
DISSERTATIONES VARIÆ
PHYSICÆ, MEDICÆ
BOTANICÆ
ANTEHAC SEORSIM EDITÆ
NUNC COLLECTÆ ET AUCTÆ
CUM TABULIS ÆNEIS.

HOLMIÆ ET LIPSIÆ
APUD GODOFREDUM KIESEWETTER.
M DCC XLIX.

◆ *Amoenitates Academicæ* 封面

烟草靶向危害图［47］

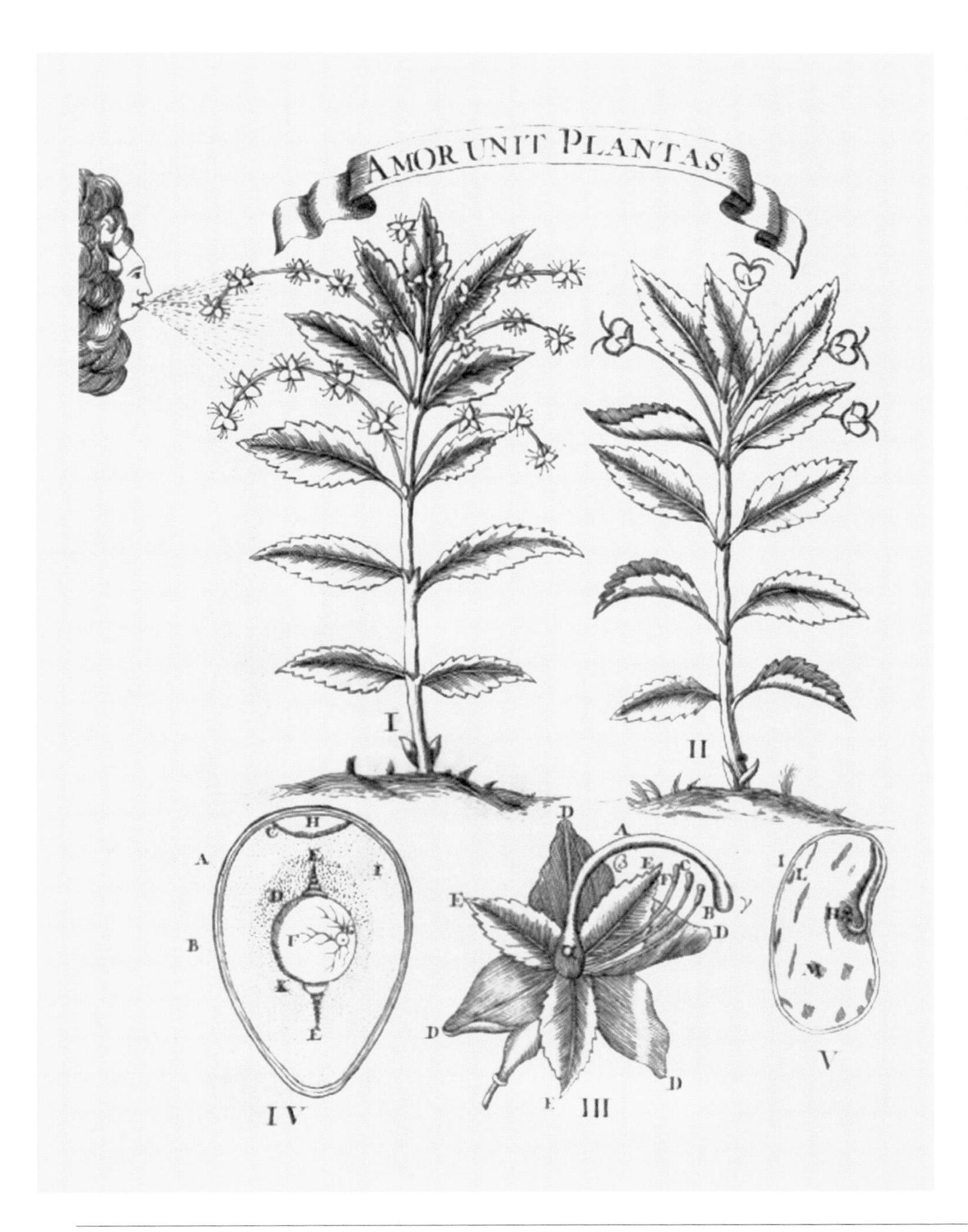

飘带上写着“AMOR UNIT PLANTAS(爱魅植物)”；飘带左下方显示尼古丁女郎；烟草图下部绘有烟草对眼睛、心肺、肾脏等器官内部的靶向危害。

约翰内斯·佐恩

Johannes Zorn

（1739—1799）

德国药剂师和植物学家约翰内斯·佐恩曾到欧洲各地寻觅药用植物。1779—1784 年间，他将自己的收集成果整理成册，采用手工彩色雕版工艺，在纽伦堡出版了 *Icones Plantarum Medicinalium*（药用植物图鉴）。书中收录了 500 多件手工彩色雕版画，异彩纷呈，瑰丽夺目，其中包含普通烟草和黄花烟草。

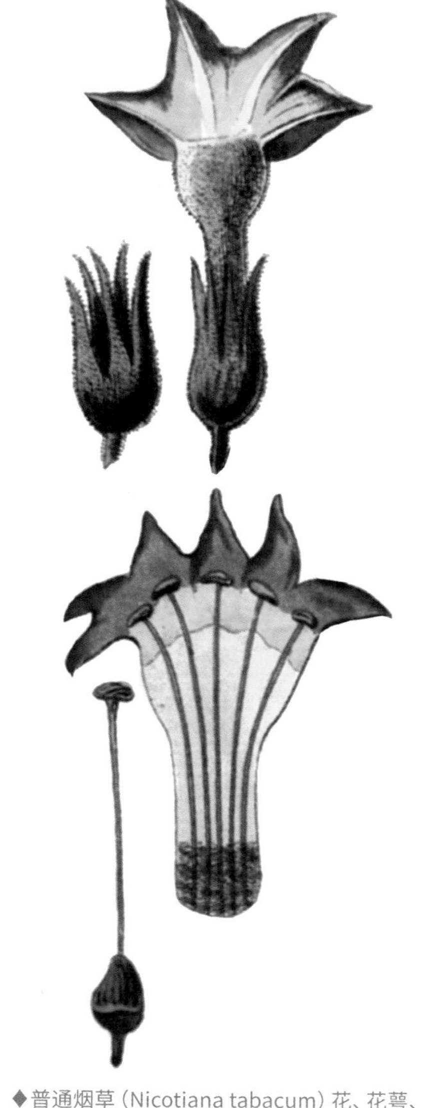

◆普通烟草（Nicotiana tabacum）花、花萼、花剖面及雄蕊、花柱

PLAAT XXXIII.

BOERSCHE TABAK.	NICOTIANA RUSTICA.
DE VIe. CLASSE.	*CLASSIS VIa.*
Zie LINNÆUS *Nat. Hiſt.* door HOUTTUIJN *IIde Deels 7de St. bl.* 651.	Conf. LINNÆI *Sijst. Nat.* Ed. GMELINI *Tom. IIdi part. Imae pag.* 380ma.
GEEL BILSENKRUID, met *geſteelden, eijronde, effenrandige Bladen*, en *ſtomp-gepunte Bloemen.*	NICOTIANA RUSTICA, foliis petiolatis, ovatis, integerrimis, floribus obtuſis.
a. *De eenbladige, eijronde, halfvijfſpleetige Bloemdop.*	a. Perianthium monophijllum, ovatum, ſemiquinquefidum.
b. De *eenbladige, tregterwijze, opengeſneden Bloemkrans, met 't halfvijfſpleetig Boord, en de vijf elsvormige, aan de Bloemkrans gehegte, Meeldraden.*	b. Corolla monopetala, infundibiliformis, diſſecta, cum limbo ſemiquinquefido, & quinque ſtaminibus ſubulatis, corollæ inſertis.
c. *Het eijronde Vrucht-beginzel, met den draadswijzen Stijl, en den gekopten Stempel.*	c. Germen ovatum, cum ſtijlo filiformi, & ſtigmate capitato.
BLOEITIJD. *In de maand Augustus, in het zuidelijke gedeelte van* America, *en in onze tuinen, zomtijds ter hoogte van* 3 *à* 4 *voeten.*	TEMP. FLOR. Menſe Auguſto, in *America* auſtrali, & in noſtris hortis, altitudine aliquando 3 vel 4 pedum.

GEBRUIK. Deeze ſoort verſchilt zeer veel van de gewoone Tabak, (*Nicotiana Tabacum L.*) waar van de Bladen in veelen opzichten ook in de geneeskunde zomtijds met voordeel gebruikt worden.

◆ *Icones Plantarum Medicinalium* [48] 内页

普通烟草（Nicotiana tabacum）

BOERSCHE

TABAK.

DE Vde. CLASSE.

Zie LINNÆUS *Nat. Hist.* door HOUTTUIJN *IIde Deels 7de St. bl.* 651.

GEEL BILSENKRUID, *met geſteelden, eijronde, effenrandige Bladen, en ſtomp-gepunte Bloemen.*

a. *De eenbladige, eijronde, half-vijfſpleetige Bloemdop.*

b. De *eenbladige, tregterwijze, opengeſneden Bloemkrans, met 't halfvijfſpleetig Boord, en de vijf elsvormige, aan de Bloemkrans gehegte, Meeldraden.*

c. *Het eijronde Vrucht-beginzel, met den draadswijzen Stijl, en den gekopten Stempel.*

BLOEITJD. *In de maand Augustus, in het zuidelijke gedeelte van* America, *en in onze tuinen, somtijds ter hoogte van* 3 *à* 4 *voeten.*

NICOTIANA

RUSTICA.

CLASSIS Vta.

Conf. LINNÆI *Sijſt. Nat.* Ed. GMELINI *Tom. IIdi part. 1mae pag.* 380ma.

NICOTIANA RUSTICA, foliis petiolatis, ovatis, integerrimis, floribus obtuſis.

a. Perianthium monophijllum, ovatum, ſemiquinquefidum.

b. Corolla monopetala, infundibiliformis, diſſecta, cum limbo ſemiquinquefido, & quinque ſtaminibus ſubulatis, corollæ inſertis.

c. Germen ovatum, cum ſtijlo filiformi, & ſtigmate capitato.

TEMP. FLOR. Menſe Auguſto, in *America* auſtrali, & in noſtris hortis, altitudine aliquando 3 vel 4 pedum.

上图：黄花烟草（Nicotiana rustica）的花剖面及雄蕊、花柱、花及花萼

左图：*Icones Plantarum Medicinalium* 中关于普通烟草和黄花烟草的德语描述[49]。

黄花烟草（Nicotiana rustica）

詹姆斯·爱德华·史密斯

James Edward Smith

（1759—1828）

英国植物学家詹姆斯·爱德华·史密斯最重要的贡献之一是创建了林奈学会，该学会一直是研究植物的风向标。1797 年，在他出版的 *Histoire Naturelle*（自然历史）一书中，收录了普通烟草与烟草天蛾共生图。

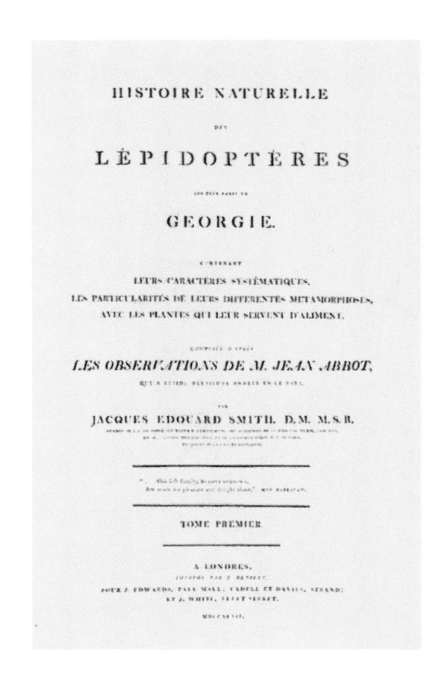

HISTOIRE NATURELLE

DES

LÉPIDOPTÈRES

GEORGIE.

CONTENANT

LEURS CARACTÈRES SYSTÉMATIQUES,

LES PARTICULARITÉS DE LEURS DIFFÉRENTES MÉTAMORPHOSES,

AVEC LES PLANTES QUI LEUR SERVENT D'ALIMENT.

COMPOSÉE D'APRÈS

LES OBSERVATIONS DE M. JEAN ABBOT,

PAR

JACQUES EDOUARD SMITH, D.M. M.S.R.

TOME PREMIER

A LONDRES,

POUR J. EDWARDS, PALL MALL, CADELL ET DAVIES, STRAND;

ET J. WHITE, FLEET STREET.

◆ *Histoire Naturelle* 扉页

上图：普通烟草与烟草天蛾图[50]，图中精彩描绘了烟草天蛾从茧到蛹再到飞蛾的过程及其与烟草共生的关系：烟草似乎道高一尺，被昆虫啃食部位的尼古丁合成途径迅速被激活，尼古丁含量暴增；烟草天蛾却魔高一丈，百毒不侵，竟然在摄入大量尼古丁后，通过排便通道和皮肤上眼睛般的气孔，把尼古丁悉数排出。烟草天蛾不仅自己能排解尼古丁，还能把尼古丁转化成了防御技能。散发尼古丁味的烟草天蛾，连它的天敌蜘蛛都不愿碰。野生烟草成了天蛾产卵的好归属，茧蛹化蛾后，又为烟草传播了花粉。

普通烟草（Nicotiana tabacum）及烟草天蛾

何塞·安东尼·帕翁

José Antonio Pavón

（1754—1840）

何塞·安东尼·帕翁是西班牙植物学家，他曾参与卡洛斯三世1777—1788年的探险，以研究秘鲁和智利的植物群而闻名。在卡洛斯三世统治期间，3个植物探险队被送往新大陆，何塞·安东尼·帕翁是第一批去秘鲁和智利探险的植物学家。他于1798—1802年间，撰写了 *Flora Peruviana*，*et Chilensis*（秘鲁、智利植物集），收录了4种珍贵且难得的野生烟草[51]：窄叶烟草、波叶烟草、绒毛烟草和圆锥烟草。该植物集最初打算出版8卷，后来只出版了前3卷，其余的则停留在手稿阶段。

窄叶烟草（Nicotiana angustifolia）（左）和波叶烟草（Nicotiana undulata）（右）

窄叶烟草（Nicotiana angustifolia）、波叶烟草（Nicotiana undulata）

FLORA PERUVIANA, ET CHILENSIS
SIVE DESCRIPTIONES, ET ICONES
PLANTARUM PERUVIANARUM,
ET CHILENSIUM,
SYSTEMA LINNAEANUM DIGESTA
ARACTERIBUS PLURIUM GENERUM
ULGATORUM REFORMATIS.
AUCTORIBUS
TO RUIZ, ET JOSEPHO PAVON,
REG. ACAD. MEDIC. MATRIT. SOCIIS.
PLATES I-CLII
SUPERIORUM PERMISSU.
IS GABRIELIS DE SANCHA.

FLORA PERUVIANA, ET CHILENSIS,
SIVE DESCRIPTIONES, ET ICONES
PLANTARUM PERUVIANARUM,
ET CHILENSIUM,
SECUNDUM SYSTEMA LINNAEANUM DIGESTAE,
CUM CHARACTERIBUS PLURIUM GENERUM
EVULGATORUM REFORMATIS.
AUCTORIBUS
HIPPOLYTO RUIZ, ET JOSEPHO PAVON,
REG. ACAD. MEDIC. MATRIT. SOCIIS.

PLATES I-CLII

SUPERIORUM PERMISSU.
TYPIS GABRIELIS DE SANCHA.

◆ *Flora Peruviana*， *et Chilensis* 扉页

绒毛烟草（Nicotiana tomentosa）（左）
和圆锥烟草（Nicotiana paniculata）（右）

绒毛烟草（Nicotiana tomentosa）、圆锥烟草（Nicotiana paniculata）

艾蒂安·皮埃尔·文森奈特

Étienne Pierre Ventenat
（1757—1808）

法国植物学家艾蒂安·皮埃尔·文森奈特，将当时著名的马尔马松花园（Malmaison）的珍贵植物整理成档，并于1802—1803年间出版了*Jardin de La Malmaison*（马尔马松花园），书中收录了花园培植的波叶烟草[52]。艾蒂安·皮埃尔·文森奈特与著名自然学家路易·文森奈特（Louis Ventenat，1765—1794）是兄弟。

◆马尔马松花园（Malmaison）中培植的波叶烟草（Nicotiana undulata）

波叶烟草（Nicotiana undulata）

威廉·伍德维尔

William Woodville

(1752—1805)

英格兰医生、植物学家威廉·伍德维尔在医用植物学方面卓有建树，他曾评价李时珍的《本草纲目》是“一部药用植物学的百科全书”。1790—1832年，威廉·伍德维尔在英国伦敦出版了 *Medical Botany*（医用植物学）系列，其第1卷为木刻版，第2卷为木刻彩印版。此医用植物学系列图书的实用价值甚高，影响广博。

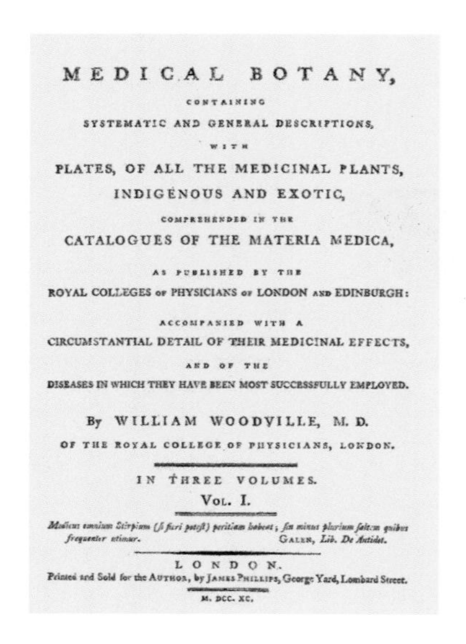

MEDICAL BOTANY,

CONTAINING

SYSTEMATIC AND GENERAL DESCRIPTIONS,

WITH

PLATES, OF ALL THE MEDICINAL PLANTS,

INDIGENOUS AND EXOTIC,

COMPREHENDED IN THE

CATALOGUES OF THE MATERIA MEDICA,

AS PUBLISHED BY THE

ROYAL COLLEGES OF PHYSICIANS OF LONDON AND EDINBURGH:

ACCOMPANIED WITH A

CIRCUMSTANTIAL DETAIL OF THEIR MEDICINAL EFFECTS,

AND OF THE

DISEASES IN WHICH THEY HAVE BEEN MOST SUCCESSFULLY EMPLOYED.

By WILLIAM WOODVILLE, M. D.

OF THE ROYAL COLLEGE OF PHYSICIANS, LONDON.

IN THREE VOLUMES.

VOL. I.

Medicus omnium Stirpium (si fieri potest) peritiam habeat; sin minus plurium saltem quibus frequenter utimur. GALEN, *Lib. De Antidot.*

LONDON.

Printed and Sold for the AUTHOR, by JAMES PHILLIPS, George Yard, Lombard Street.

M. DCC. XC.

◆ *Medical Botany*（第1卷）扉页

◆木刻版画普通烟草（Nicotiana tabacum）[53]

普通烟草（Nicotiana tabacum）

Nicotiana Tabacum
Published by Dr. Woodville Decr. 1.1790.

◆彩印木刻版画普通烟草（Nicotiana tabacum）[54]

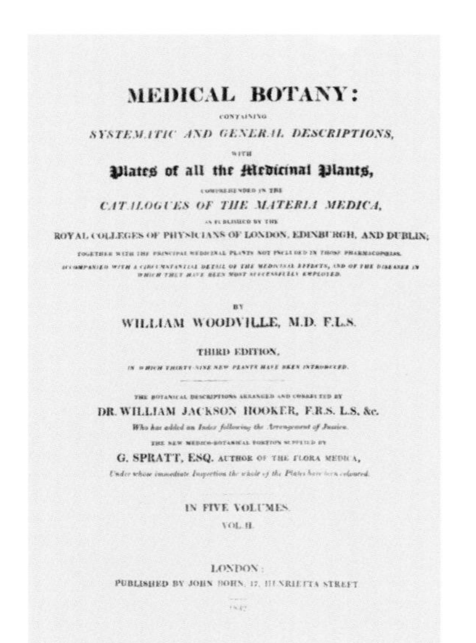

MEDICAL BOTANY:

CONTAINING

SYSTEMATIC AND GENERAL DESCRIPTIONS,

WITH

Plates of all the Medicinal Plants,

COMPREHENDED IN THE

CATALOGUES OF THE MATERIA MEDICA,

AS PUBLISHED BY THE

ROYAL COLLEGES OF PHYSICIANS OF LONDON, EDINBURGH, AND DUBLIN;

TOGETHER WITH THE PRINCIPAL MEDICINAL PLANTS NOT INCLUDED IN THOSE PHARMACOPOEIAS.

ACCOMPANIED WITH A CIRCUMSTANTIAL DETAIL OF THE MEDICINAL EFFECTS, AND OF THE DISEASES IN WHICH THEY HAVE BEEN MOST SUCCESSFULLY EMPLOYED.

BY

WILLIAM WOODVILLE, M.D. F.L.S.

THIRD EDITION,

IN WHICH THIRTY-NINE NEW PLANTS HAVE BEEN INTRODUCED.

THE BOTANICAL DESCRIPTIONS ARRANGED AND CORRECTED BY

DR. WILLIAM JACKSON HOOKER, F.R.S. L.S. &c.

Who has added an Index following the Arrangement of Jussieu.

THE NEW MEDICO-BOTANICAL PORTION SUPPLIED BY

G. SPRATT, ESQ. AUTHOR OF THE FLORA MEDICA,

Under whose immediate Inspection the whole of the Plates have been coloured.

IN FIVE VOLUMES.

VOL. II.

LONDON:

PUBLISHED BY JOHN BOHN, 17, HENRIETTA STREET.

◆ *Medical Botany*（第 2 卷）扉页

普通烟草（Nicotiana tabacum）

▪尼古拉·约瑟夫·弗莱歇尔·冯·雅克

Nikolaus Joseph Freiherr von Jacquin

（1727—1817）

德国药学家、化学家、植物学家尼古拉·约瑟夫·弗莱歇尔·冯·雅克在药学、化学、植物学和跨学科研究方面成就非凡。1809年，尼古拉·约瑟夫·弗莱歇尔·冯·雅克在奥地利维也纳出版的著作*Fragmenta Botanica*（植物集萃）中收录了皱叶烟草（Nicotiana crispa）和波叶烟草（Nicotiana undulata）[55]等稀有珍品。图书采用锌版彩印，使皱叶烟草和波叶烟草的娇媚得以呈现。

◆锌版彩印皱叶烟草（Nicotiana crispa）

皱叶烟草（Nicotiana crispa）

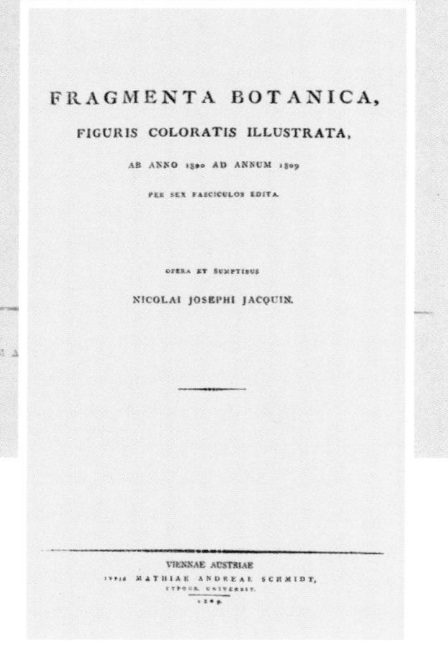

FRAGMENTA BOTANICA,

FIGURIS COLORATIS ILLUSTRATA,

AB ANNO 1800 AD ANNUM 1809

PER SEX FASCICULOS EDITA.

OPERA ET SUMPTIBUS

NICOLAI JOSEPHI JACQUIN.

VIENNAE AUSTRIAE

TYPIS MATHIAE ANDREAE SCHMIDT,

TYPOGR. UNIVERSIT.

1809.

◆ *Fragmenta Botanica* 封页

◆锌版彩印波叶烟草（Nicotiana undulata）

波叶烟草（Nicotiana undulata）

威廉·柯蒂斯

William Curtis

(1746—1799)

英国植物学家、昆虫学家威廉·柯蒂斯是 *Curtis's Botanical Magazine*（柯蒂斯植物学杂志）的创办者，柯蒂西亚属（Curtis）以其名字命名。他帮助著名自然历史插画家西德纳姆·提斯特·爱德华兹（Sydenham Teast Edwards）在这本著名的杂志上找到了事业的开端。

威廉·杰克逊·胡克

William Jackson Hooker

(1785—1865)

威廉·杰克逊·胡克继承了足够财富，能够自费旅行，他于 1809 年夏季前往冰岛，开启了第一次植物探险。可惜的是，他收集的标本，以及他的笔记和图纸，在归途航行中被大火烧毁，他也险些丧命，但他以坚韧的毅力重新整理资料，并于 1809 年（1813 年重印）出版了 *An Account of The Island, and of Its Inhabitants and Flora*（冰岛居民及其植物）。1820 年，他成为格拉斯哥大学的植物学教授。第二年，他推出了 *Flora Scotica*（苏格兰植物），排列出英国植物的自然衍化方法，并与格拉斯哥植物学家兼平版画家托马斯·霍普柯克（Thomas Hopkirk）合作建立了格拉斯哥皇家植物园（Royal Botanic Institution of Glasgow）和格拉斯哥植物园（Glasgow Botanic Gardens）。1827—1865 年间，他还主持编撰了 38 卷的 *Curtis's Botanical Magazine*（柯蒂斯植物学杂志）。

右图：夸德瑞伍氏烟草（Nicotiana quadrivalvis）[56]
文内注：夸德瑞伍氏烟草亦称密苏里烟草（Missouri Tabacco）

夸德瑞伍氏烟草（*Nicotiana quadrivalvis*）

■西德纳姆·提斯特·爱德华兹

Sydenham Teast Edwards

（1768—1819）

英国博物学插画家西德纳姆·提斯特·爱德华兹有极高的绘画天赋，11 岁时以画动物和植物为乐趣。*Curtis's Botanical Magazine*（柯蒂斯植物学杂志）创始人威廉·柯蒂斯的朋友发现了他的才能，柯蒂斯为他提供了植物学和植物学插画方面的系统学习。西德纳姆·提斯特·爱德华兹的插画在当时极受欢迎。在那个向未知的世界冒险、热衷探险和收集活动的时代，人们对新植物的渴望似乎无穷无尽。爱德华兹以惊人的速度制作印版：1787—1815 年间，他仅为植物杂志就制作了 1700 多幅彩画，他的作品还是陶艺家制作陶瓷装饰的灵感来源。西德纳姆·提斯特·爱德华兹死后被安葬于伦敦切尔西老教堂（All Saints），墓碑上的名字是提斯特（Teast）。本书收集并修复的 1787—1815 年 *Curtis's Botanical Magazine*（柯蒂斯植物学杂志）上的烟草图，均出自西德纳姆·提斯特·爱德华兹之手。

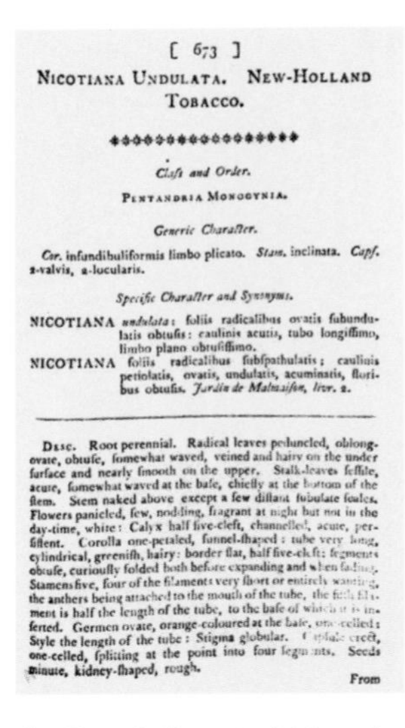

[673]

NICOTIANA UNDULATA. NEW-HOLLAND TOBACCO.

Claſs and Order.

PENTANDRIA MONOGYNIA.

Generic Character.

Cor. infundibuliformis limbo plicato. *Stam.* inclinata. *Capſ.* 2-valvis, 2-locularis.

Specific Character and Synonyms.

NICOTIANA *undulata*: foliis radicalibus ovatis ſubundulatis obtuſis: caulinis acutis, tubo longiſſimo, limbo plano obtuſiſſimo.

NICOTIANA foliis radicalibus ſubſpathulatis; caulinis petiolatis, ovatis, undulatis, acuminatis, floribus obtuſis. *Jardin de Malmaiſon, livr.* 2.

DESC. Root perennial. Radical leaves peduncled, oblong-ovate, obtuſe, ſomewhat waved, veined and hairy on the under ſurface and nearly ſmooth on the upper. Stalk-leaves ſeſſile, acute, ſomewhat waved at the baſe, chiefly at the bottom of the ſtem. Stem naked above except a few diſtant ſubulate ſcales. Flowers panicled, few, nodding, fragrant at night but not in the day-time, white: Calyx half five-cleft, channelled, acute, perſiſtent. Corolla one-petaled, funnel-ſhaped: tube very long, cylindrical, greeniſh, hairy: border flat, half five-cleft: ſegments obtuſe, curiouſly folded both before expanding and when fading. Stamens five, four of the filaments very ſhort or entirely wanting, the anthers being attached to the mouth of the tube, the fifth filament is half the length of the tube, to the baſe of which it is inſerted. Germen ovate, orange-coloured at the baſe, one-celled: Style the length of the tube: Stigma globular. Capſule erect, one-celled, ſplitting at the point into four ſegments. Seeds minute, kidney-ſhaped, rough.

From

◆ *Curtis's Botanical Magazine* 中有关波叶烟草的描述

◆波叶烟草（Nicotiana undulata）[57]

波叶烟草（Nicotiana undulata）

…IANA LANGSDORFFII. LANGSDORFF'S TOBACCO.

****

Class and Order.

PENTANDRIA MONOGYNIA.

Generic Character.

(2221)

NICOTIANA LANGSDORFFII. LANGSDORFF'S TOBACCO.

****

Class and Order.

PENTANDRIA MONOGYNIA.

Generic Character.

Cor. infundibuliformis, limbo plicato. *Stam.* inclinata. *Caps.* 2-valvis, 2-locularis.

Specific Character.

NICOTIANA *Langsdorffii;* herbacea, viscoso-villosa, foliis ovatis sessilibus decurrentibus, floribus cernuis: limbo subintegro tubo gibboso ter breviore.

NICOTIANA *Langsdorfii;* fruticosa, foliis ovatis in petiolum subdecurrentem attenuatis cauleque villoso-mollibus, floribus cernuis, limbo subintegro. *Hor. phys. Berol. t.* 10.

DESCR. *Stem* between two and three feet high, with us certainly herbaceous, clammy-pubescent. *Leaves* distant, oval, sessile, decurrent, smooth and dark green on the upper surface, villous and pale on the under. *Flowers* yellowish-green, grow in thin, naked, upright panicles, on peduncles curved at the end, which become erect when the flowers drop. *Calyx* clammy, five-toothed with one tooth longer than the rest. *Tube* of the corolla an inch long, curved, irregularly dilated at the end; *limb* generally oblique, obsoletely 5-lobed or nearly entire. *Stamens* included; *anthers* circular, flattened, two celled: *pollen* blue. *Capsules* erect, conical, two celled. *Seeds* globular.

Our drawing of this rare species was made from a specimen sent us from MR. LAMBERT's garden at Boyton, in August 1819. We saw it also last year in the Chelsea garden, flowering freely in the open ground. Native of Chili.

◆ *Curtis's Botanical Magazine* 中有关蓝格斯多夫烟草的描述

◆蓝格斯多夫烟草（Nicotiana langsdorffii）[58]

蓝格斯多夫烟草（Nicotiana langsdorffii）

CURTIS'S

Botanical Magazine;

OR,

FLOWER-GARDEN DISPLAYED:

IN WHICH

The most Ornamental FOREIGN PLANTS, cultivated in the Open Ground, the Green-House, and the Stove, are accurately represented in their natural Colours.

TO WHICH ARE ADDED,

Their Names, Class, Order, Generic and Specific Characters, according to the celebrated LINNÆUS; their Places of Growth, and Times of Flowering;

Together with the most approved Methods of CULTURE.

A WORK

Intended for the Use of such LADIES, GENTLEMEN, and GARDENERS, as wish to become scientifically acquainted with the Plants they cultivate.

BY *JOHN SIMS*, M.D.

FELLOW OF THE ROYAL AND LINNEAN SOCIETIES.

VOL. LI.

Being the Ninth of the New Series.

The FLOWERS, which grace their native beds,
Awhile put forth their blushing heads,
But, e'er the close of parting day,
They wither, shrink, and die away:
But THESE, which mimic skill hath made,
Nor scorched by suns, nor killed by shade,
Shall blush with less inconstant hue,
Which ART at pleasure can renew. LLOYD.

London:

Printed by STEPHEN COUCHMAN, Throgmorton-Street.

Published by SHERWOOD, JONES, & Co. 20, *Paternoster-Row*,

And Sold by the principal Booksellers in Great-Britain and Ireland.

MDCCCXXIV.

(2484)

NICOTIANA REPANDA. STEM-CLASPING HAVANNA TOBACCO.

****

Class and Order.

PENTANDRIA MONOGYNIA.

Generic Character.

Cal. tubulosus, 5-fidus. *Cor.* infundibuliformis v. hypocrateriformis, limbo 5-fido, plicato. *Stigma* capitatum *Caps.* bilocularis apice quadrifariam dehiscens. BROWN.

Specific Character and Synonyms.

NICOTIANA *repanda;* foliis amplexicaulibus cordatis spathulatis subrotundis repandis, corollæ tubo gracili longissimo, limbi laciniis ovatis acutiusculis. *Lehm. Hist. Nicot. n.* 16. *Roem. et Sch. Syst. Veg.* 4. *p.* 320.

NICOTIANA *repanda;* foliis spathulatis subrotundis repandis cordatis amplexicaulibus. *Herb. Willd. ex Humb. et Bonpl. Mss. R. et S.* 4. *p.* 791.

A tender annual. Native of the island of Cuba. Introduced into the garden of the Horticultural Society, by Mr. GEORGE DON, from the Havannah, and said to be the plant from which the celebrated Cigars of that country are prepared

◆ *Curtis's Botanical Magazine* 有关浅波烟草的描述

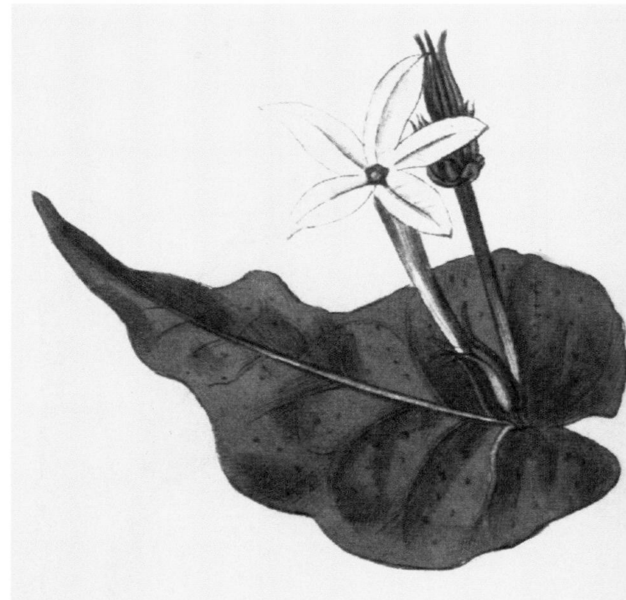

◆浅波烟草（Nicotiana repanda）[59]

浅波烟草（Nicotiana repanda）

CURTIS'S

BOTANICAL MAGAZINE;

OR

Flower Garden Displayed:

In which the most Ornamental FOREIGN PLANTS cultivated in the Open Ground, the Green-House, and the Stove, are accurately represented and coloured.

To which are added,

THEIR NAMES, CLASS, ORDER, GENERIC AND SPECIFIC CHARACTERS, ACCORDING TO THE SYSTEM OF LINNÆUS;

Their Places of Growth, Times of Flowering, and most approved Methods of Culture.

CONDUCTED

By SAMUEL CURTIS, F. L. S.

THE DESCRIPTIONS

By WILLIAM JACKSON HOOKER, L. L. D.

F. R. A. and L. S. and Regius Professor of Botany in the University of Glasgow.

VOL. I.

OF THE NEW SERIES;

Or Vol. LIV. of the whole Work.

Here Spring perpetual leads the laughing hours,
And Winter wears a wreath of summer flowers.

SOTHEBY'S *Virgil.*

LONDON:

Printed by Edward Couchman, 10, Throgmorton Street;

FOR THE PROPRIETOR SAMUEL CURTIS,

BOTANICAL MAGAZINE WAREHOUSE, PROSPECT ROW, WALWORTH,

AND AT GLAZENWOOD, NEAR COGGESHALL, ESSEX:

Also by Sherwood and Co. Paternoster Row; J. & A. Arch, Cornhill; Treuttel & Wurtz, Soho Square; Blackwood, Edinburgh; and in Holland, of Mr. Gt. Eldering, Florist, at Haarlem:

And to be had of all Booksellers in Town and Country.

1827.

(2785)

NICOTIANA NOCTIFLORA. NIGHT-FLOWERING TOBACCO.

Class and Order.

PENTANDRIA MONOGYNIA.

(Nat. Ord.—SOLANEÆ.)

Generic Character.

Cal. tubulosus, 5-fidus. *Cor.* infundibuliformis vel hypocrateriformis limbo plicato. *Capsula* apice 4-dentata, placentis ad dissepimentum transversis. *Spreng.*

Specific Character.

NICOTIANA *noctiflora;* glanduloso-viscosa, foliis lanceolatis undulatis inferioribus oblongis, floribus paniculatis hypocrateriformibus, limbi laciniis obtusissimis diametro tubo subbrevioribus.

DESCR. Apparently an annual, two feet or more in height, with an erect, rounded, branching, leafy stem, clothed, as is all the external part of the plant, with exceedingly viscid, very numerous, short, glandular hairs, giving out a very powerful and disagreeable smell, particularly when touched. *Leaves*, the lower ones oblong and tapering into a footstalk, the rest narrow, lanceolate, sessile, remarkably waved at the margin, all of them acute. *Panicle* of several moderately-sized *flowers*, which expand in the evening and during the night, when they are very sweet scented; and they are, when in perfection, drooping. *Calyx* tubular, cut into five, linear-lanceolate, rather short, and nearly erect teeth, green, having a white line alternating with the teeth. *Tube* of the Corolla, thrice the length of the calyx, a little enlarged upwards, greenish, with five small depressions just above the calyx, where the stamens

◆ *Curtis's Botanical Magazine* 中有关夜花烟草的描述

◆夜花烟草（Nicotiana noctiflora）[60]

夜花烟草（Nicotiana noctiflora）

CURTIS'S

BOTANICAL MAGAZINE;

OR

Flower Garden Displayed:

In which the most Ornamental FOREIGN PLANTS cultivated in the Open Ground, the Green-House, and the Stove, are accurately represented and coloured.

To which are added,

THEIR NAMES, CLASS, ORDER, GENERIC AND SPECIFIC CHARACTERS, ACCORDING TO THE SYSTEM OF LINNÆUS;

Their Places of Growth, Times of Flowering, and most approved Methods of Culture.

CONDUCTED

By SAMUEL CURTIS, F. L. S.

THE DESCRIPTIONS

By WILLIAM JACKSON HOOKER, L. L. D.

F. R. A. and L. S. and Regius Professor of Botany in the University of Glasgow.

VOL. III.

OF THE NEW SERIES;

Or Vol. LVI. of the whole Work.

" Soft roll your incense, Herbs, and Fruits, and Flowers,
In mingled clouds, to HIM, whose sun exalts,
Whose breath perfumes you, and whose pencil paints."

THOMSON.

LONDON:

Printed by Edward Couchman, 10, Throgmorton Street;

FOR THE PROPRIETOR, SAMUEL CURTIS,

BOTANICAL MAGAZINE WAREHOUSE, PROSPECT ROW, WALWORTH,

AND AT GLAZENWOOD, NEAR COGGESHALL, ESSEX:

Also by Sherwood, Gilbert, & Piper, 23, Paternoster Row; J. & A. Arch, Cornhill; Treuttel & Wurtz, Soho Square; Blackwood, Edinburgh; and in Holland, of Mr. Gt. Eldering, Florist, at Haarlem:

And to be had of all Booksellers in Town and Country.

1829.

(2919)

NICOTIANA ACUMINATA. ACUMINATED-LEAVED TOBACCO.

Class and Order.

PENTANDRIA MONOGYNIA.

(Nat. Ord.—SOLANEÆ.)

Generic Character.

Cal. tubulosus, 5-fidus. *Cor.* infundibuliformis, vel hypocrateriformis, limbo plicato. *Capsula* apice 4-dentata, placentis ad dissepimentum transversis. *Spr.*

Specific Character and Synonym.

NICOTIANA *acuminata;* herbacea, pubescens, foliis lato-lanceolatis acuminatis undulatis sublonge petiolatis, paniculis paucifloris, calyce glanduloso-pubescenti laciniis angustis, corollæ tubo elongato, limbi laciniis rotundatis obtusis.

PETUNIA acuminata. *Graham in Edinb. New Phil. Journ. July,* 1828, *p.* 378.

DESCR. *Root* perennial? *Stem* herbaceous, erect, terete, pubescent, branched. *Leaves* remote, broadly-lanceolate, sometimes almost ovate, acuminate, waved at the margin, nerved, slightly pubescent, entire, petiole. *Petiole* slender, about an inch long. *Panicle* terminal, few-flowered, flowers naked or having a leaf or bractea at their base. *Pedicel* short. *Calyx* ovate, with five unequal, narrow teeth, which run down and form so many ribs to the glanduloso-pubescent, and almost colourless tubular portion. *Corolla* about three inches long. *Tube* a little curved, green, striated, a little enlarged upwards: *Limb* rather small, of five, nearly-equal, rounded, white lobes, blunt, or even emarginate, marked with a few green lines. *Style* filiform, as long as the

◆ *Curtis's Botanical Magazine* 中有关渐尖叶烟草的描述

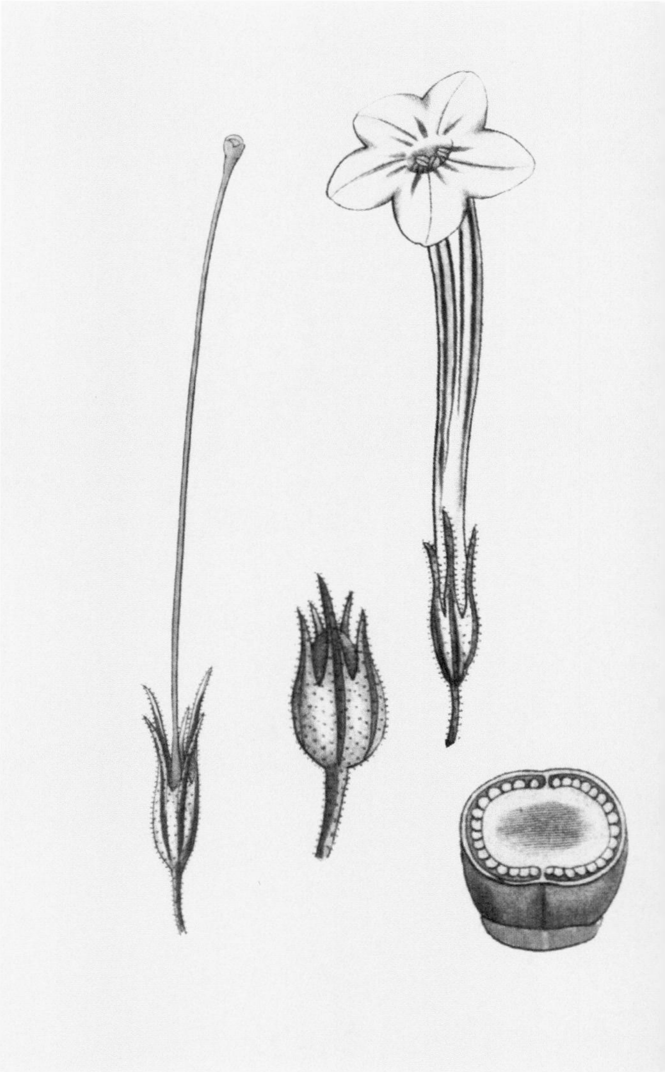

◆渐尖叶烟草（Nicotiana acuminata）[61]

渐尖叶烟草（Nicotiana acuminata）

CURTIS'S

BOTANICAL MAGAZINE,

COMPRISING THE

Plants of the Royal Gardens of Kew,

AND

OF OTHER BOTANICAL ESTABLISHMENTS IN GREAT BRITAIN:

WITH SUITABLE DESCRIPTIONS:

BY

SIR WILLIAM JACKSON HOOKER, K.H., D.C.L. OXON.,

LL.D., F.R.S.A. AND L.S., DIRECTOR OF THE ROYAL GARDENS OF KEW.

VOL. XI.

OF THE THIRD SERIES;

(Or Vol. LXXXI. of the Whole Work.)

"Another Flora there, of bolder hues
And richer sweets, beyond our garden pride,
Plants o'er the fields, and showers with sudden hand
Exuberant spring."—Thomson.

LONDON:

LOVELL REEVE, HENRIETTA STREET, COVENT GARDEN.

1855.

TAB. 4865.

NICOTIANA FRAGRANS.

Sweet-scented Tobacco.

Nat. Ord. SOLANACEÆ.—PENTANDRIA MONOGYNIA.

Gen. Char. Calyx tubuloso-campanulatus, semiquinquefidus. *Corolla* infundibuliformis vel hypocraterimorpha, limbo plicato-quinquelobo, lobis per æstivationem plicatis et conniventi-contortis. *Stamina* 5, corollæ tubo inserta, inclusa, sæpe subæquilonga, nonnunquam inæqualia; *antheræ* longitudinaliter dehiscentes, brevissime ovatæ vel globosæ; *pollen* oblongum, longitudinaliter trisulcatum. *Ovarium* biloculare, placentis linea dorsali dissepimento adnatis, multiovulatis, nectario crasso annulari obsolete lobato basi circumdatum. *Stylus* simplex. *Stigma* capitatum, patellæforme, intus glandulis 2 magnis instructum. *Capsula* calyce persistente tecta, bilocularis, apice septicido-bivalvis, vel quadri-multivalvis, valvis demum bifidis, placentas discretas retinentibus. *Semina* plurima, minima, oblonga, subreniformia, rugosa. *Embryo* in axi albuminis carnoso, leviter arcuatus.—*Herbæ, interdum suffrutescentes, sæpissime glutinoso-pilosæ, in America tropica copiosæ, partim in aliis terris* (4) *crescentes; foliis alternis, integerrimis; floribus terminalibus, racemosis aut paniculatis, albidis, virescentibus, v. purpurascentibus, pedicellis axillaribus, calyces subæquantibus. De Cand.*

NICOTIANA *fragrans*; subglutinosa, ubique pilis brevibus crispulis pubescente-sericea, foliis crassis subcarnosis inferioribus præcipue radicalibus obovato-spathulatis, caulinis paucis lineari-spathulatis, panicula terminali ampla multiflora, floribus in ramis subglomeratis nutantibus, calycibus inflatis laciniis inæqualibus, corollæ (albæ) tubo longissimo cylindraceo ore paululum dilatato, limbo glabro 5–6-lobo lobis rotundatis patentibus dorso carinatis, staminibus 5–6, filamento unico breviore.

A very fine species of Tobacco, discovered during Capt. Denham's surveying voyage by Messrs. Macgillivray and Milne in rocks and waste places on the sea-shore in the Isle of Pines; remarkable for the firm, thick, fleshy character of the foliage, and which becomes most beautifully satiny in the dried state, for the great size it attains in a state of cultivation, and for the delicious fragrance of the large white blossoms. It evidently belongs to the same section with *N. undulata*, Vent. et Br. (*N. suaveolens*, Lehm.), but cannot be the same, if Ventenat's figure (Hort. Malmais. t. 10) be correct. It is a plant of easy cultivation in

AUGUST 1ST, 1855.

◆ *Curtis's Botanical Magazine* 中有关香烟草的描述

◆香烟草（Nicotiana fragrans）[62]被誉为“最美丽的烟草”

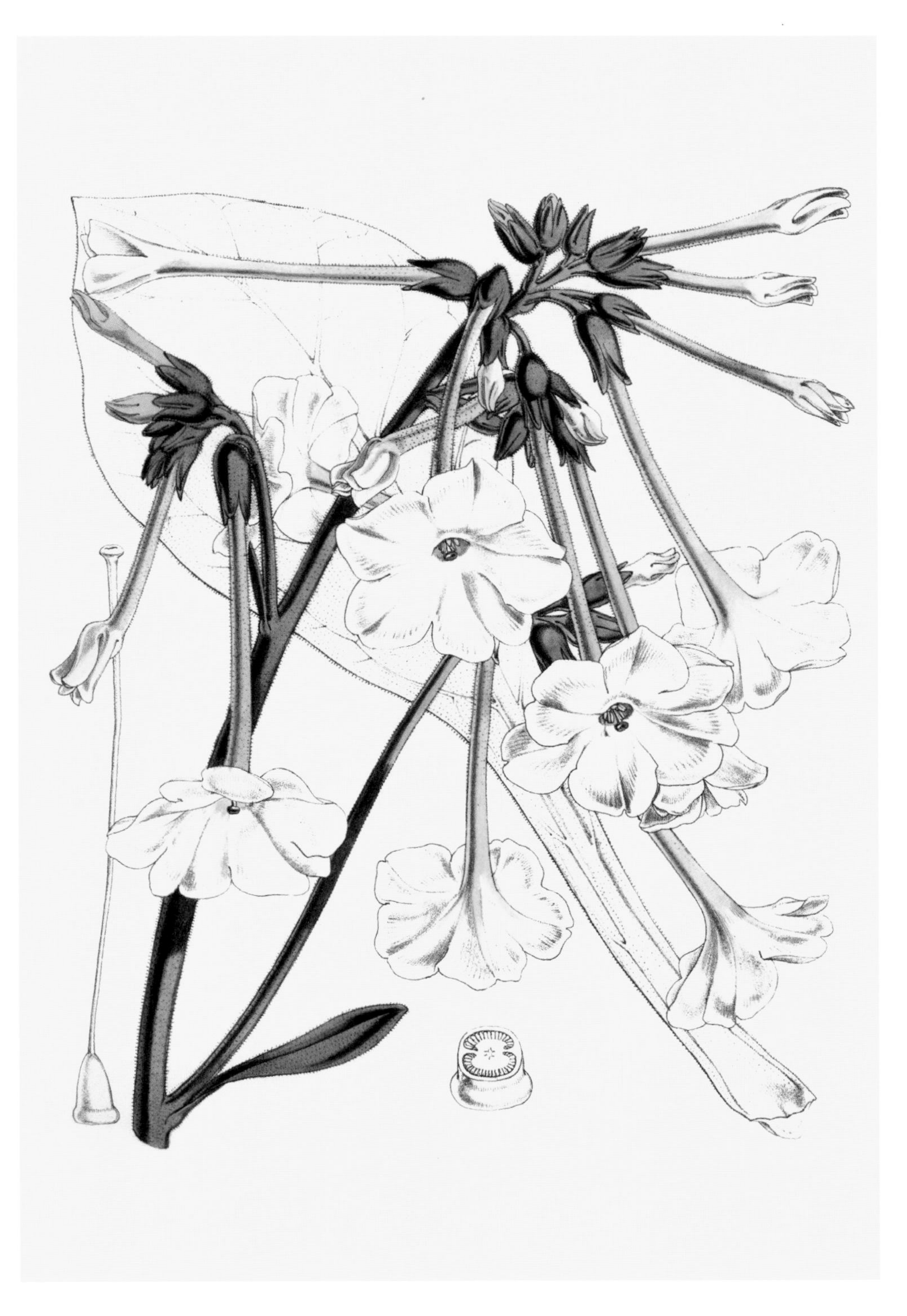

香烟草（Nicotiana fragrans）

达尔文·查尔斯·罗伯特

Darwin Charles Robert
(1809—1882)

"进化论"奠基人，英国生物学家达尔文·查文斯·罗伯特曾乘坐贝格尔号舰作了历时5年的环球航行，对动植物和地质结构等进行了大量的考察和采集。1859年，达尔文·查尔斯·罗伯特的 *The Origin of Species*（物种起源）系统阐述了"进化论"学说。此后，"进化论"划时代地影响了自然科学，甚至人文领域之人类学、心理学、哲学。恩格斯将"进化论"列为19世纪自然科学的三大发现（进化论、细胞学说、能量守恒转化定律）之一。

分类系统上，"亲缘关系（Systematic affinity）"这一名词的意义，是指物种之间在构造上和体质上的一般相似性。那么第一次杂交的能育性以及由此产生出来的杂种的能育性，大部分受它们的分类系统的亲缘关系支配，被分类学家列为不同科的物种之间从没有产生过杂种。一方面，密切近似的物种一般容易杂交，这就阐明了上述一点。但是分类系统上的亲缘关系和杂交难易之间的相应性决不严格。无数的例子可以阐明，极其近似的物种并不能杂交，或者极难杂交。另一方面，很不同的物种却能极其容易地杂交。在同一个科里，也许有一个属，如石竹属，在这个属里有许多物种能够极其容易地杂交；而另一个属，如麦瓶草（Silene），在这个属里，曾经万分努力地将两个极其接近的物种进行杂交，却不能产生一个杂种，甚至在同一个属的范围内，我们也会遇到不同的类似情形。烟草属（Nicotiana）的许多物种几乎比其他任何属的物种更容易杂交，但是德国植物学家约瑟夫·加尔特纳（Joseph Gärtner，1732—1791）发现，智利渐尖叶烟草（N.acuminata）曾和不下8个烟草属的其他物种进行过杂交，它顽固地不能受精，也不能使其他物种受精。类似的事实还可以举出很多：德国植物学家约瑟夫·戈特利布·克尔罗伊特（Joseph Gottlieb Kölreuter，1733—1806）曾证明一个值得注意的事实，即普通烟草的一个特别变种如与一个大小相同的物种进行杂交，则比其他变种更能生育。他对普通烟草中这一特别变种的5个类型进行了试验，而且是极严格的试验，即互交试验，

渐尖叶烟草（Nicotiana acuminata）[64]

发现它们的杂种后代都是完全能育的。但这5个变种中的一个，无论用作父本或母本与黏烟草（Nicotiana glutinosa）进行杂交，它们所产生的杂种永远不像其他4个变种与黏性烟草杂交时所产生的杂种那样不育。因此，这个变种的生殖系统必定以某种方式和在某种程度上变异了。

——*The Origin of Species*（物种起源）[63]有关烟草的内容

CURTIS'S

BOTANICAL MAGAZINE,

COMPRISING THE

Plants of the Royal Gardens of Kew,

AND

OF OTHER BOTANICAL ESTABLISHMENTS IN GREAT BRITAIN,
WITH SUITABLE DESCRIPTIONS;

BY

JOSEPH DALTON HOOKER, M.D., C.B., P.R.S., F.L.S., &c.

D.C.L. OXON., LL.D. CANTAB., CORRESPONDENT OF THE INSTITUTE OF FRANCE.

VOL. XXXII.

OF THE THIRD SERIES:

(Or Vol. CII. of the whole Work.)

"In all places, then, and in all seasons,
Flowers expand their light and soul-like wings,
Teaching us by most persuasive reasons
How akin they are to human things.
LONGFELLOW. *"Voices of the Night."*

LONDON:
L. REEVE & CO., 5, HENRIETTA STREET, COVENT GARDEN.
1876.

TAB. 6207.

NICOTIANA TABACUM, var. FRUTICOSA.

Introduced from Guinea and the Brazils.

Nat. Ord. SOLANACEÆ.—Tribe CESTRINEÆ.

Genus NICOTIANA, *Linn.* (*Benth. et Hook. f., Gen. Plant.*, vol. ii., p. 906 *incl.*).

NICOTIANA *Tabacum*, var. *fruticosa*, glutinoso-pubescens, caule erecto robusto simpliciuseulo folioso basi frutescente, foliis sessilibus panduriformi-lanceolatis acuminatis semiamplexicaulibus, inferioribus basi auriculatis, marginibus basin versus obscure undulatis v. sinuatis, floribus paniculatis pedicellatis, bracteis linearibus, calycibus $\frac{1}{3}$-$\frac{3}{4}$-pollicaribus ovoideis 5-fidis, lobis erectis acuminatis, corolla infundibulari pallide rosea limbi 5-fidi lobis triangularibus acutis, capsula ovoidea calycem superante, seminibus fere lævibus.

N. fruticosa, *Linn. Sp. Pl.*, vol. i., p. 258; *Lehm. Nicot.*, p. 23; *Dunal in DC. Prod.*, vol. xiii., pars 1, p. 558.

Nicotiana foliis lanceolatis acutis, &c., *Mill. Gard. Dict.; Figures*, t. 185, fig. 1.

A very little known plant, though introduced into England in the middle of last century, and admirably figured by Philip Miller, F.R.S., Gardener to the Apothecaries Company's Botanic Garden at Chelsea, in his fine folio work illustrative of "the most Beautiful, Useful and Uncommon Plants published in his 'Gardener's Dictionary.'" Miller describes it as growing naturally in Guinea, whence he received the seeds, and as being cultivated in the Brazils and sent to Europe under the name of "Sweet-scented Tobacco." Dunal, in De Candolle's "Prodromus," gives the Cape of Good Hope as its native country on the authority of Linnæus, where, however, no species of the genus has been found in a wild state. For my own part I cannot doubt its being a native of South America, as are all the Tabacum group, and that it has been from thence introduced into Africa and probably elsewhere. I regret to say that I do not know whence our Kew plant was derived; it appeared amongst a miscellaneous set of Tobaccos grown for exhibition in the Economic House, and is supposed to have been sown as Latakia Tobacco from Syria. There are in the Kew Herbarium two cultivated specimens named *N. fruticosa*—one no doubt the true plant, from Gouan's

JANUARY 1ST, 1876.

◆ *Curtis's Botanical Magazine* 中有关普通烟草变种的描述

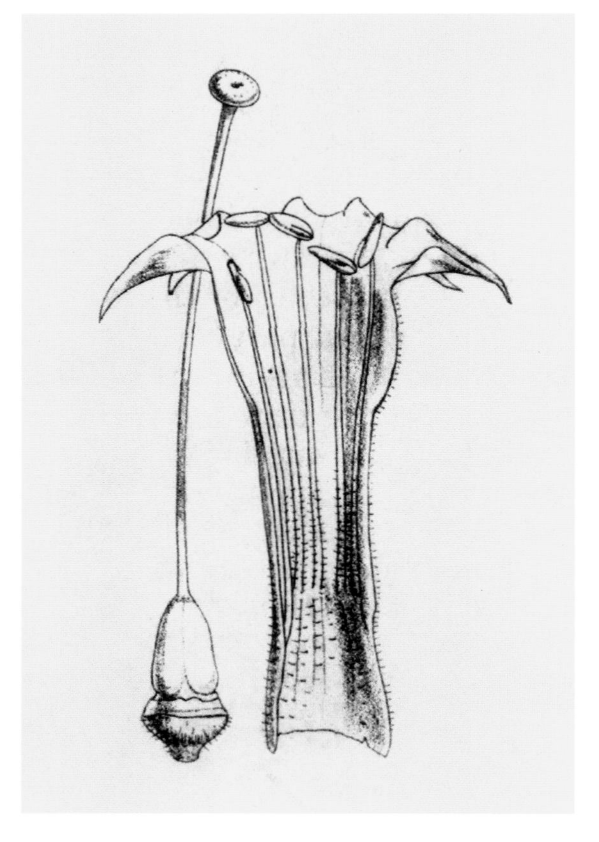

◆普通烟草变种（Nicotiana tabacum Var. fruticosa）[65]

普通烟草变种（Nicotiana tabacum Var. fruticosa）

CURTIS'S

BOTANICAL MAGAZINE,

COMPRISING THE

Plants of the Royal Gardens of Kew,

AND

OF OTHER BOTANICAL ESTABLISHMENTS IN GREAT BRITAIN;
WITH SUITABLE DESCRIPTIONS;

BY

SIR JOSEPH DALTON HOOKER, M.D., C.B., K.C.S.I.,
F.R.S., F.L.S., ETC.,
D.C.L. OXON., LL.D. CANTAB., CORRESPONDENT OF THE INSTITUTE OF FRANCE.

VOL. XLVIII.
OF THE THIRD SERIES.
(Or Vol. CXVIII. of the Whole Work.)

"These roses for my Lady Marian: these lilies to lighten
Sir Richard's black room, where he sits and eats his heart for
want of money to pay the Abbot."—TENNYSON.

LONDON:
L. REEVE & CO., 6, HENRIETTA STREET, COVENT GARDEN.
1892.
[All rights reserved.]

TAB. 7252.

NICOTIANA TOMENTOSA.

Native of Peru.

Nat. Ord. SOLANACEÆ.—Tribe CESTRINEÆ.

Genus NICOTIANA, *Linn.*; (*Benth. et Hook. f. Gen. Pl.* vol. ii. p. 907.)

NICOTIANA (Lehmannia) *tomentosa*; elata, ramosa, glanduloso-pubescens, foliis amplis obovato-oblongis acuminatis in petiolum latum basi amplexicaulem attenuatis, floribus in paniculas amplas laxe ramosas dispositis, calycis tubo terete cylindraceo lobis subulatis obtusis, corolla basi tubulosa superne oblique gibboso-campanulata, lobis ovatis obtusis patentibus, staminibus longe exsertis, ovario glaberrimo, stigmate 2-lobo.

N. tomentosa, *Ruiz & Pav. Fl. Peruv. et Chil.* vol. ii. p. 16, t. 129, f. a.

LEHMANNIA tomentosa, *Spreng. Anleit. zur Kenntn. Gew.* ed. ii. 1817, 458; *Don. Gen. Syst.* 467; *Dunal in DC. Prod.* vol. xiii. pt. i. p. 572.

N. colossea, *E. André in Rev. Hortic.* 1888, p. 511, and 1891, p. 75 and 290; *F. Abel in Wiener Illustr. Gartenz.* 1890, p. 72 and 472, fig. 92; *Godefroy Lebœuf in Le Jardin*, 1889, p. 274, *cum Ic.*; *Gard. Chron.* 1891, vol. i. p. 84, f. 25.

The history of the introduction of this giant Nicotiana is, as given by M. André in the Revue Horticole, as follows. "In the first rank amongst new foliage plants exhibited at the Trocadéro in 1889, must be placed *N. colossea*. Its history is sufficiently remarkable. Some years ago I sold to Madame D. de Saint-Germain-les-Corbells some fine plants of Brazilian Orchids. The gardener, M. Mason, one of the most able cultivators that I am acquainted with, took the precaution of placing in the propagation house the detritus and dust removed from them during the cleaning of specimens. From this he raised various plants, and amongst others *Nicotiana colossea*."

In an article in the Le Jardin, from the pen of M. Godefroy Lebœuf, the plant has in France attained the stature of ten feet, and its leaves of three feet three inches and a breadth of twenty. The latter are described as being of a violet red colour when young, passing eventu-

SEPTEMBER 1ST, 1892.

◆ *Curtis's Botanical Magazine* 中有关绒毛烟草的描述

◆绒毛烟草（Nicotiana tomentosa）[66]

绒毛烟草（*Nicotiana tomentosa*）

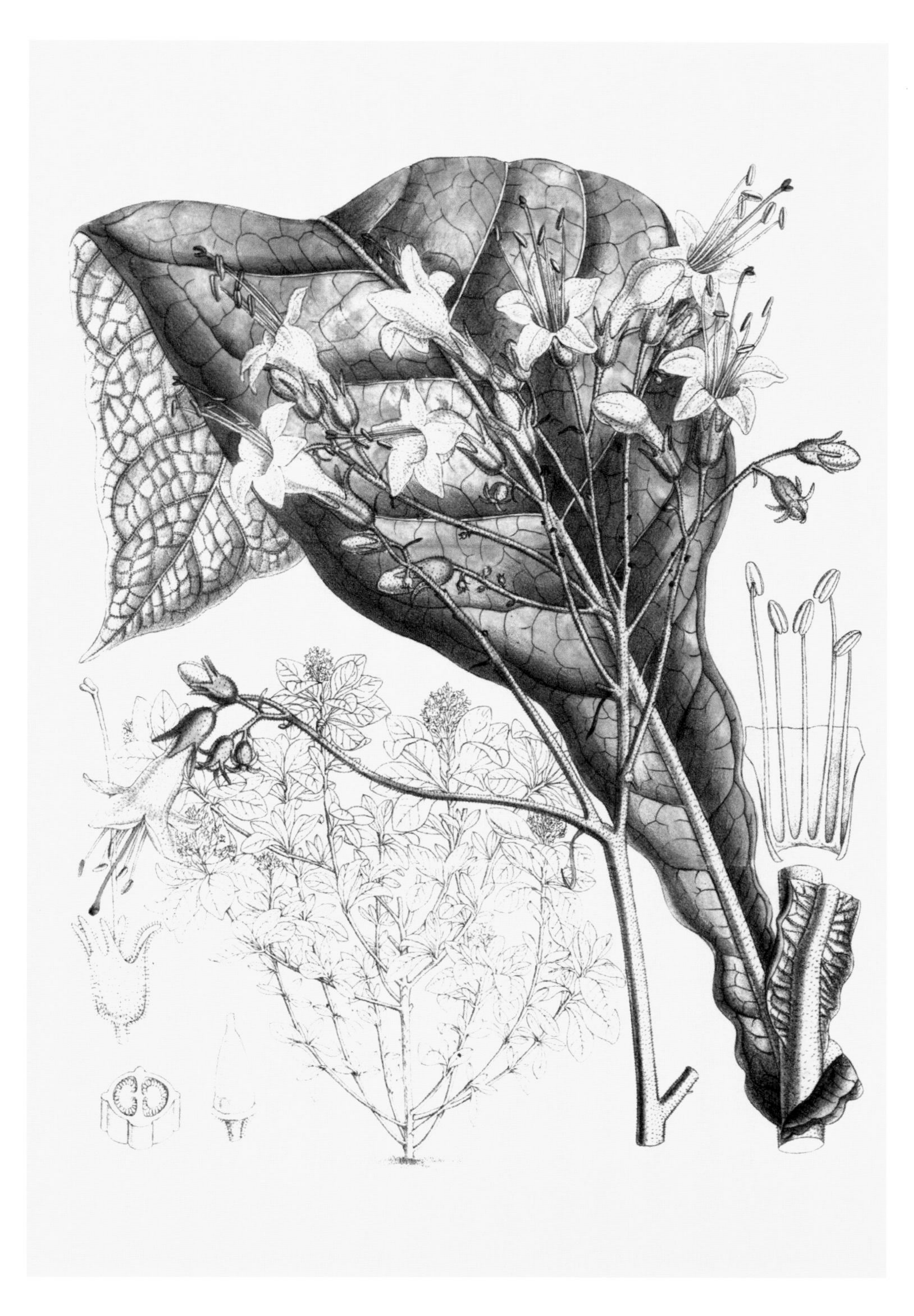

TAB. 7652.

NICOTIANA SYLVESTRIS.

Native of Argentina.

Nat. Ord. SOLANACEÆ.—Tribe CESTRINEÆ.
Genus NICOTIANA, *Linn.*; (*Benth. & Hook. f. Gen. Plant.* vol. ii. p. 906.)

NICOTIANA *sylvestris*; herba elata, robusta, foliosa, ramosa, glanduloso-puberula, foliis pedalibus amplis omnibus basi cordatis semi-amplexicaulibus lyrato-obovatis-oblongisve obtusis v. cuspidatis costa crassa, nervis patulis subtus prominulis, inflorescentia subcapitata, e cymis brevibus fasciculatis multifloris subsessilibus composita, floribus breve pedicellatis nutantibus, calyce ovoideo 5-fido basi rotundato, lobis tubo brevioribus erectis inæqualibus lanceolatis ovatis v. triangularibus, corollæ albæ tubo gracili 3-pollicari tereti glanduloso-puberulo medium versus paulo inflato, limbi 1½ poll. lati lobis triangularibus obtusiusculis patenti-recurvis, filamentis medio tubi insertis filiformibus glabris, antheris vix exsertis oblongis, capsula corolla paulo longiore.

N. sylvestris, *Spegaz. et Comes in Gartenflora* (1898) p. 130, fig. 38.

Nicotiana sylvestris belongs to the group of tall herbaceous species that abound in South America, but amongst which I find none with the characters above described. In foliage it closely resembles *N. tomentosa*, Ruiz & Pav., figured at tab. 7252 of this work, but in inflorescence and flowers it entirely differs.

N. sylvestris is a native of the Province of Salta, a country of lofty mountains with fertile valleys, on the confines of Bolivia, in lat. 26° S., where it grows at an elevation of 5000 to 6000 feet above the sea. Seeds were received at the Royal Gardens, Kew, from Messrs. Dammann & Co. of Naples, in 1898, plants raised from which flowered in the herbaceous collection in August of the same year.

Descr.—A tall, stout, branching, closely leafy, glandular-puberulous herb, five feet high. *Leaves* a foot long and upwards, lyrate-obovate from a cordate semi-amplexicaul base two inches broad, cuspidate, upper part six inches broad, dark green above, paler beneath, midrib very stout, and spreading nerves prominent beneath. *Inflorescence* terminal, peduncled, almost hemispheric, formed of sub-

MAY 1ST, 1899.

◆ *Curtis's Botanical Magazine* 中有关林烟草的描述

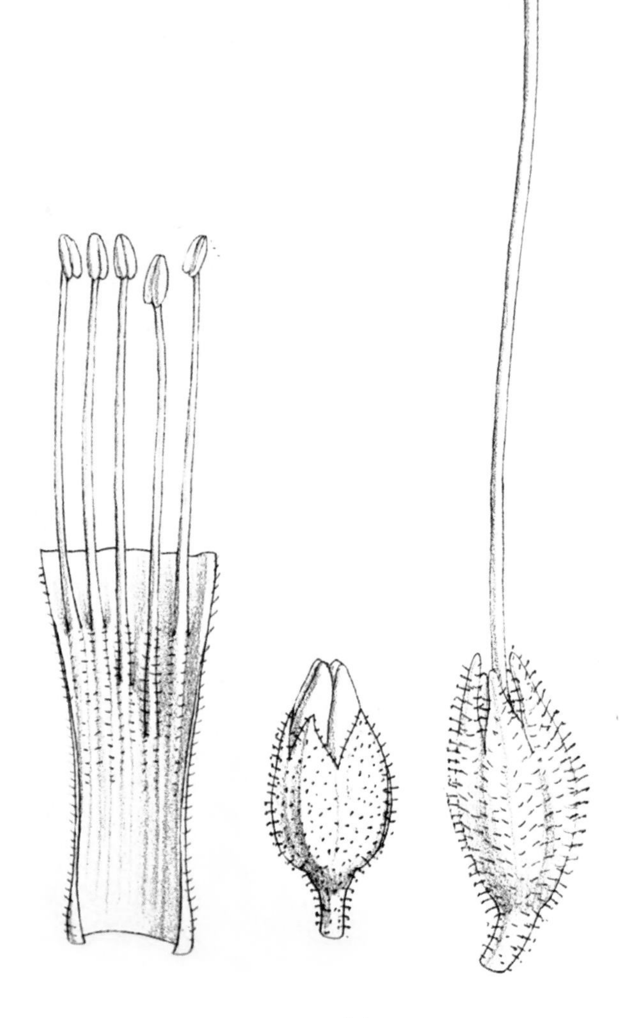

◆林烟草（Nicotiana sylvestris）【67】的花剖面及雄蕊、蒴果及花柱

林烟草（Nicotiana sylvestris）

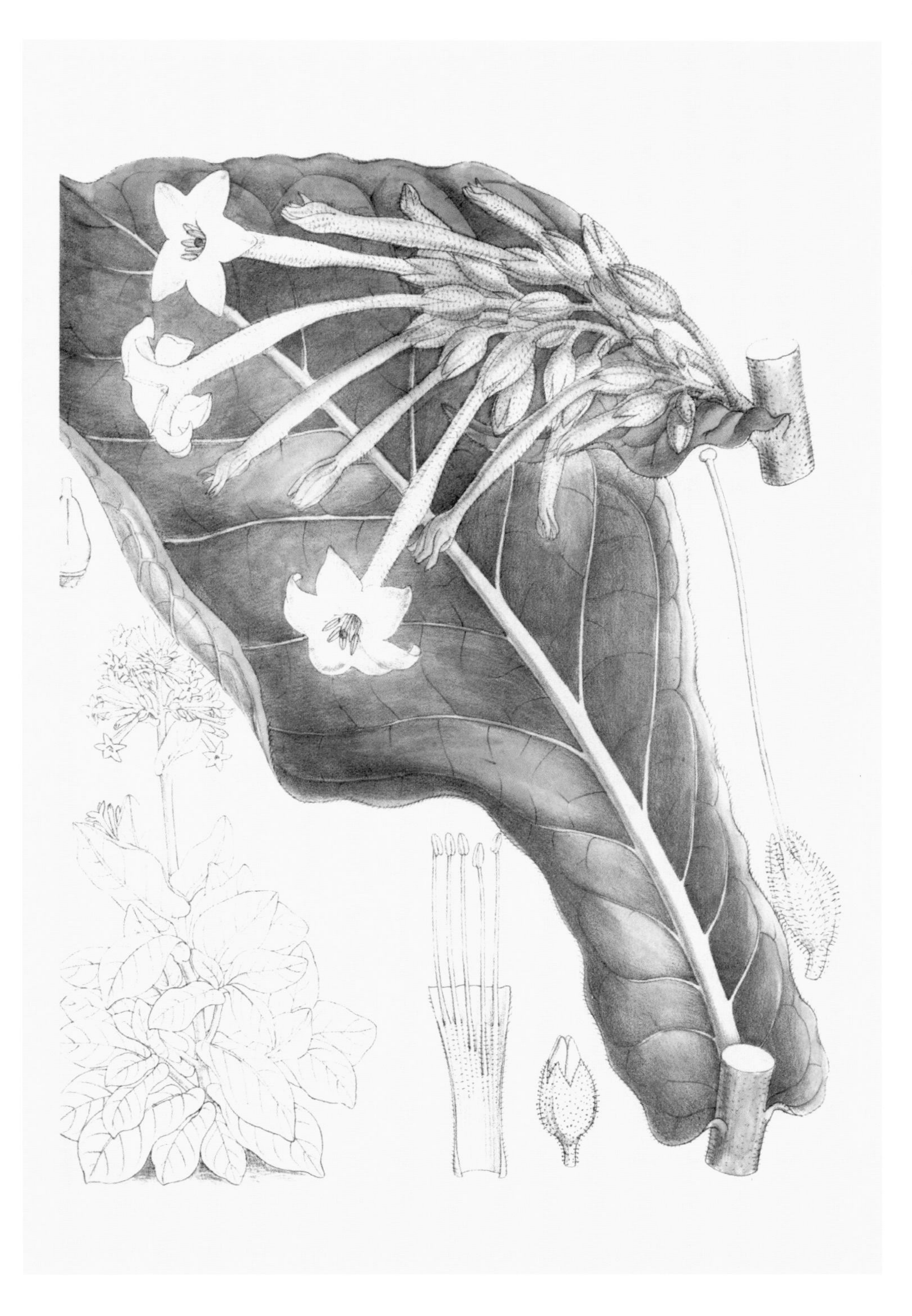

CURTIS'S

BOTANICAL MAGAZINE,

ILLUSTRATING AND DESCRIBING

Plants of the Royal Botanic Gardens of Kew,

AND OF OTHER BOTANICAL ESTABLISHMENTS;

EDITED BY

SIR WILLIAM TURNER THISELTON-DYER, LL.D., Sc.D.,
K.C.M.G., C.I.E., F.R.S., F.L.S., ETC.,

DIRECTOR, ROYAL BOTANIC GARDENS, KEW.

VOL. I.
OF THE FOURTH SERIES.
(*Or Vol. CXXXI. of the Whole Work.*)

This is an Art
That does mend Nature, change it rather, but
The Art itself is Nature.
SHAKESPEARE.

LONDON:
LOVELL REEVE & CO., LTD.,
Publishers to the Home, Colonial, and Indian Governments.
6, HENRIETTA STREET, COVENT GARDEN.
1905.

TAB. 8006.

NICOTIANA FORGETIANA.

Brazil.

SOLANACEÆ. Tribe CESTRINEÆ.

NICOTIANA, *Linn.*; *Benth. et Hook. f. Gen. Plant.* vol. ii. p. 906; *Comes, Monographie du Genre* Nicotiana.

Nicotiana forgetiana, *Hort. Sand. Verulamii*; species sectionis *Petunioides*, G. Don, et ex affinitate *N. bonariensis*, Lehm., a qua foliis superioribus lineari-lanceolatis, nec repandis, calycis lobis valde inæqualibus et corollæ lobis medio costatis differt.

Herba annua, 2–3-pedalis, a basi ramosa. *Folia* papyracea, pubescentia, radicalia oblongo-lanceolata, maxima circiter pedalia, obtusa, deorsum in petiolum alatum attenuata, leviter undulata; caulina similia sed minora et ovata, petiolis decurrentibus. *Paniculæ* amplæ, laxe ramosæ, ramis gracillimis glanduloso-pubescentibus; bracteæ inferiores foliaceæ, angustæ, acutæ, sursum gradatim minores, superiores minutæ. *Pedicelli* filiformes, quam flores breviores. *Calyx* hispidulus, circiter semipollicaris, inæqualiter 5-dentatus, dentibus fere setiformibus longioribus tubum excedentibus. *Corolla* anguste infundibuliformis vel fere hypocrateriformis, circiter 1¼ poll. longa, parcissime pilosula, tubo prope basin attenuato; limbus patens, circiter 1 poll. diametro; segmenta subæqualia, deltoidea, venosa, costata, obtusiuscula. *Stamina* inclusa; filamenta basi corollæ adnata, hirsuta, parte libera filiformi basi geniculata, glabra. *Pistillum* glabrum, stylo incluso, stigmate filiformi. *Capsula* mihi ignota.

The name *Nicotiana forgetiana* has appeared in most of the gardening papers; but, so far as I am aware, no description of the plant has hitherto been published. It was introduced from South Brazil by Messrs. Sander & Sons of St. Albans, through their collector, Mr. Forget, about four years ago, and it is one of the parents of the beautiful hybrid *N. Sanderæ*, which is being advertised by the same firm. It appears to be as free a grower as the well-known *N. alata*, Link. & Otto (syn. *N. affinis*, Moore), which is the other parent of *N. Sanderæ*, and now that hybrid breeding has been started between these and other species we may expect to see the genus *Nicotiana* occupying a much more prominent position in gardens than hitherto. Although *N. forgetiana* itself is a highly ornamental plant, it is not offered for sale, but it will be represented in gardens by the more brilliantly coloured hybrids.

MARCH 1ST, 1905.

◆ *Curtis's Botanical Magazine* 中有关福尔吉特氏烟草的描述

◆福尔吉特氏烟草（Nicotiana forgetiana）[68]

福尔吉特氏烟草（*Nicotiana forgetiana*）

CURTIS'S

BOTANICAL MAGAZINE,

ILLUSTRATING AND DESCRIBING

Plants of the Royal Botanic Gardens of Kew,

AND OF OTHER BOTANICAL ESTABLISHMENTS:

EDITED BY

SIR DAVID PRAIN, C.M.G., C.I.E., LL.D., F.R.S.,

DIRECTOR, ROYAL BOTANIC GARDENS, KEW.

VOL. XIV.

OF THE FOURTH SERIES.

(Or Vol. CXLIV. of the Whole Work.)

With hues on hues expression cannot paint
The breath of Nature and her endless bloom.—THOMSON.

LONDON:

L. REEVE & CO., LTD.,

Publishers to the Home, Colonial, and Indian Governments,

6, HENRIETTA STREET, COVENT GARDEN.

1918.

[All rights reserved.]

TAB. 8749.

PETUNIA INTEGRIFOLIA.

South America.

SOLANACEAE. Tribe SALPIGLOSSIDAE.

PETUNIA, *Juss.*; *Benth. et Hook. f. Gen. Plant.* vol. ii. p. 907.

Petunia integrifolia, *Hort. ex Harrison, Floricult. Cab.* vol. i. p. 144 (1833); *Schinz & Thellung in Vierteljahrsschr. Nat. Ges. Zürich*, vol. lx. p. 361 (1915); species *P. inflatae*, R. E. Fries, valde affinis, sed pedunculis post anthesin plus minusve deflexis, floribus capsulis et seminibus paulum majoribus differt.

Herba vel *suffrutex* diffuse ramosus, fere ubique glanduloso-pubescens; rami graciles, teretes, prostrati, decumbentes vel interdum adscendentes. *Folia* alternata, breviter petiolata, saepius elliptico-lanceolata, interdum ovato-lanceolata vel lanceolata, integerrima, apice acuta, basi cuneata, petiolo incluso 2·5–8 cm. longa, saepe 4–5 cm. longa, 1·5–3·5 cm. lata. *Bracteae* oppositae, foliis simillimae sed minores. *Flores* simulanter axillares, solitarii, pedunculati. *Pedunculi* graciles, 1–6·5 saepe 3–4 cm. longi, primum adscendentes, post anthesin plus minusve deflexi. *Calyx* 1·5–3 cm. longus, leviter accrescens, subaequaliter 5-partitus; segmenta spathulato-linearia vel ligulata, subacuta, 1·2–3 cm. longa, 1·75–5 mm. lata. *Corolla* primum laete roseo-purpurea, demum pallidior, extra pallide roseo-purpurea, tubo extra purpura suffuso et lineis purpureis notato; tubus circiter 2·5 cm. longus, e basi angusta valde ventricosus, apicem versus circiter 1·2 cm. latus; limbus leviter 2-labiatus, breviter 5-lobatus; lobi 1·6–1·8 cm. lati, rotundati. *Stamina* 5, inclusa, quorum 4 didynama, antheris per paria conniventibus, quinto minore; filamenta glabra. *Ovarium* ovoideum, vix 3 mm. longum, glabrum, basi disco angusto circumdatum; stylus glaber, stamina longiora vix aequans; stigma discoideo-capitatum. *Capsula* ovoidea, apiculata, circiter 8 mm. longa et 6 mm. lata.—*P. phoenicea*, D. Don, in Sweet, Brit. Fl. Gard. ser. 2. vol. ii. sub t. 172 (1832); Loud. Gard. Mag. vol. ix. p. 707. *P. violacea*, Lindl. Bot. Reg. vol. xix. t. 1626 (1833); Paxton, Mag. Bot. vol. i. p. 7, cum tab. col.; Rennie, Mag. Bot. & Gard. vol. ii. p. 117, t. 35, fig. 3; G. Don, Gen. Syst. vol. iv. p. 468; Miers in Hook. Lond. Journ. Bot. vol. v. p. 185; Sendtner in Mart. Fl. Bras. vol. x. p. 172; Dunal in DC. Prodr. vol. xiii. pars 1, p. 578; R. E. Fries in K. Svensk. Vet.-Akad. Handl. vol. xlvi. no. 5, p. 53, t. 2, figs. 2–4 & t. 5, fig. 3 a–d (1911). *P. dichotoma*, Sendtner in Mart. Fl. Bras vol. x. p. 173 (1846); Dunal in DC. Prodr. vol. xiii. pars 1. p. 576. *Salpiglossis integrifolia*, Hook. in Bot. Mag. t. 3113 (1831); Lodd. Bot. Cab. t. 1978. *Nierembergia phoenicea*, D. Don in Sweet, Brit. Fl. Gard. ser. 2, vol. ii. sub t. 172 (1832) et t. 193 (1833); Harrison, Floricult. Cab. vol. i. p. 144, t. 8, fig. 2. *N. punicea*, G. Don, Gen. Syst. vol. iv. p. 468 (1837). *Stimoryne purpurea*, Rafin. Fl. Tellur. pars iii. p. 76 (1836). *Nicotiana integrifolia*, O. Kuntze, Rev. Gen. Pl. vol. iii. 2, p. 223 (1898).—S. A. SKAN.

The plant figured here under the name of *Petunia integrifolia* (though much better known as *P. violacea*)

JAN.-MARCH, 1918.

◆ *Curtis's Botanical Magazine* 中有关矮牵牛烟草的描述

◆矮牵牛烟草（Nicotiana integrilolia）

注：矮牵牛烟草出自 *O*，*Kuntze*，*Rev*，*Gen. PL.Vol.iii*，2（1898）中的第 223 页，实为矮牵牛（Petunia integrifolia）与矮牵牛紫罗兰（Petunia violacea）[69]

矮牵牛烟草（Nicotiana integrilolia）

▪维兹 · 费迪南德 · 伯恩哈德

Vietz Ferdinand Bernhard

（1772—1815）

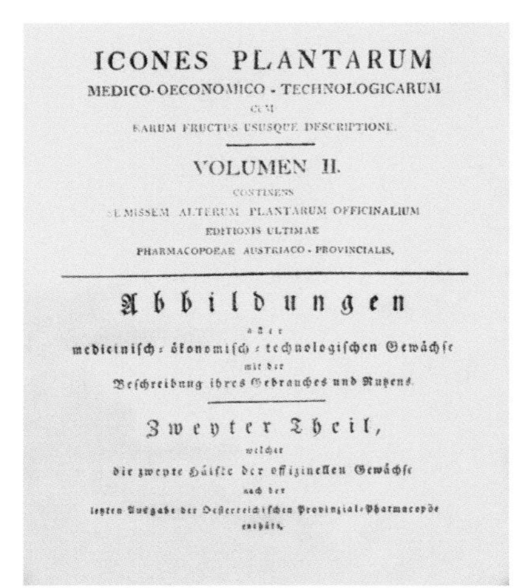

ICONES PLANTARUM
MEDICO-OECONOMICO - TECHNOLOGICARUM
CUM
EARUM FRUCTUS USUSQUE DESCRIPTIONE.

VOLUMEN II.
CONTINENS
SEMISSEM ALTERUM PLANTARUM OFFICINALIUM
EDITIONIS ULTIMAE
PHARMACOPOEAE AUSTRIACO - PROVINCIALIS.

Abbildungen
der
medicinisch - ökonomisch - technologischen Gewächse
mit der
Beschreibung ihres Gebrauches und Nutzens.

Zweyter Theil,
welcher
die zweyte Hälfte der offizinellen Gewächse
nach der
letzten Ausgabe der Oesterreichischen Provinzial-Pharmacopöe
enthält.

♦*Icones Plantarum Medico Oeconomico Technologicarum* 封面

维兹·费迪南德·伯恩哈德是维也纳大学教授、医学博士，他于1804年出版的 *Icones Plantarum Medico Oeconomico Technologicarum*（药用植物图谱）是第一部手工着色、铜版水印的书，其设计与工艺由当时著名的伊格纳斯·阿尔布雷希特（Ignaz Albrecht）完成。

♦ 手工着色、铜版水印普通烟草图（Nicotiana tabacum）[70]

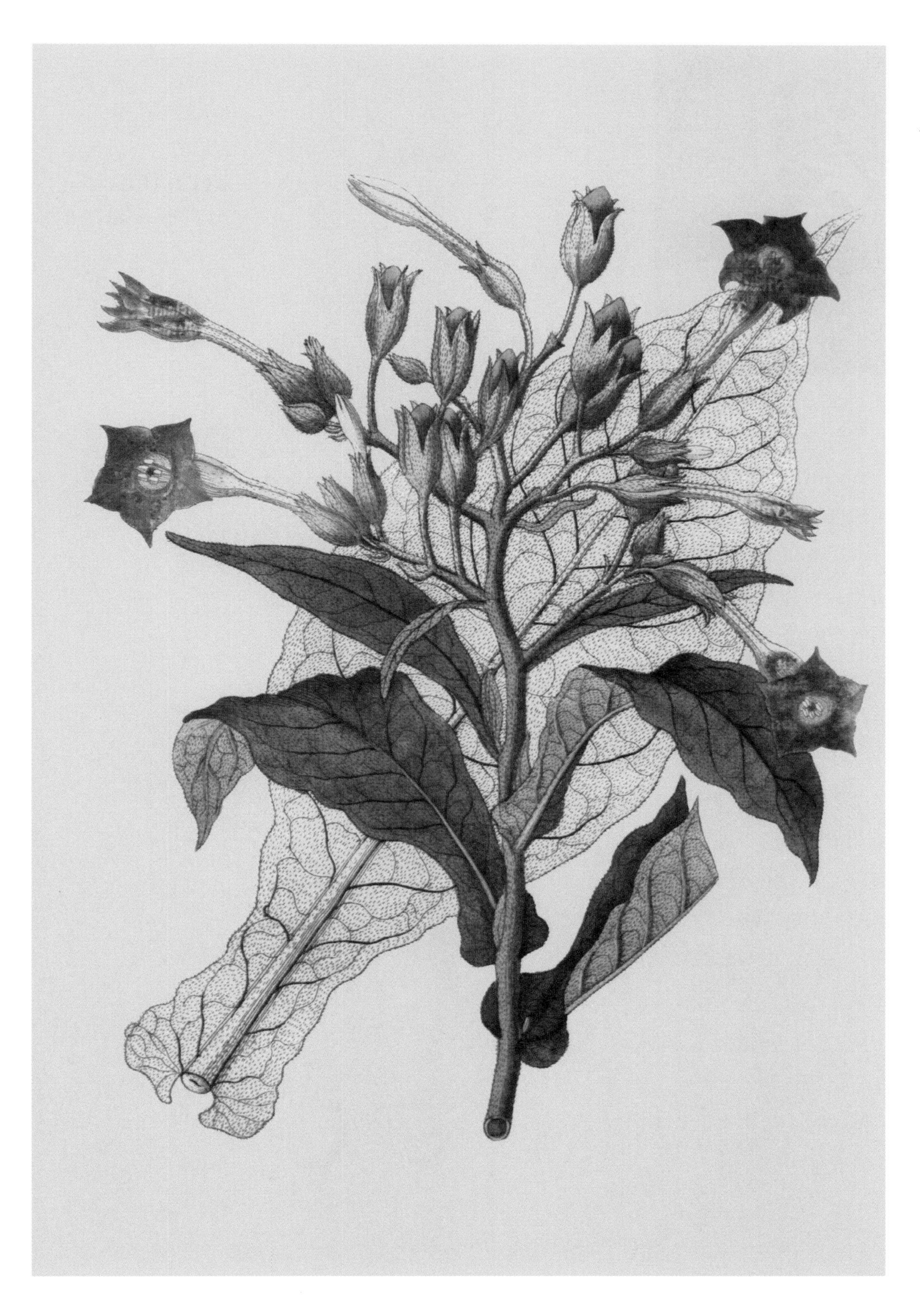

普通烟草（*Nicotiana tabacum*）

雅各布·比奇洛

Jacob Bigelow
(1786—1879)

雅各布·比奇洛是美国马萨诸塞州剑桥市著名医生、植物学家和建筑师，他曾在哈佛大学教授医学和植物学，并出版了大量书籍，其中包括 1817—1820 年代的第一本植物学书籍 *American Medical Botany*（美国药用植物），该书收集了大量美国本土药用植物，以及这些植物的历史、药用化学分析和使用特性及服用方法。1816—1827 年间，雅各布·比奇洛被任命为拉姆福德教授，这是哈佛大学旨在将科学应用于艺术的一个职位。雅各布·比奇洛在跨学科研究方面也独树一帜，他于 1829 年代出版了 *Elements of Technology*（技术学原理），这是他在力学和非生物科学领域的研究成果。

◆普通烟草（Nicotiana Tabacum）[71]

普通烟草（*Nicotiana tabacum*）

NICOTIANA multivalvis.

White Columbia Tobacco.

PENTANDRIA *MONOGYNIA.*

Nat. ord. SOLANEÆ.
NICOTIANA. Suprà, vol. 10. fol. 833.

N. *multivalvis:* herbacea viscido-pilosa, foliis lanceolatis inferioribus petiolatis, floribus axillaribus solitariis, calyce multipartito, capsula multiloculari, corollæ laciniis obtusis altè venosis.

Caulis *erectus, ramosus, crassus, carnosus, undique, ut et omnes aliæ partes, glutinosa, pilosa, teterrimè hircum olens.* Folia *carnosa, plana, ovato-lanceolata, glutinosa, superiora subsessilia, inferiora longè petiolata.* Calyx *inflatus, costatus, glandulosus, submembranaceus, multifidus, secundùm gradum capsulæ evolutionis.* Corolla *magna, alba, sæpè livore tincta, infundibularis basi ventricosa, calyce multoties longior, limbo plano, sæpiùs 6-fido, laciniis oblongis, obtusis, venis altè impressis.* Stamina *numero laciniarum corollæ æqualia.* Ovarium, *(et capsula) maximum, multiloculare, difforme, loculis normalibus sæpiùs in centro, superfluis circacircum inordinatim congestis et conferruminatis, placentis semper axin spectantibus.* Stylus *crassus, rigidus.* Stigma *capitatum.*

We have no doubt that this plant, *Nicotiana nana*, and *N. quadrivalvis*, have all been confounded under the idea of one species by N. American Botanists. They are all cultivated by various tribes of Indians for their tobacco, for which purpose the calyx, which is intolerably fœtid, is selected in preference, the corolla being rejected. The species now distinguished is that which is cultivated by the nations who inhabit the banks of the Columbia, and is the only sort that was met with by Mr. Douglas, by whom seeds of this were sent to the Horticultural Society in 1826.

The resemblance that *N. multivalvis* bears to *N. quadrivalvis* is too obvious to escape observation; in a dried state, indeed, they are scarcely distinguishable without a very careful examination; and yet the differences that exist

◆ *The Botanical Register* 中有关姆欧替委斯烟草的描述，文中注该烟草亦称哥伦比亚白花烟草，认为该烟草与夸德瑞伍氏烟草（Nicotiana quadrivalvis）相关

◆姆欧替委斯烟草（Nicotiana multivalvis）[72]

姆欧替委斯烟草（Nicotiana multivalvis）

NICOTIANA nana.

Rocky Mountain Tobacco.

PENTANDRIA *MONOGYNIA.*

Nat. ord. SOLANEÆ.

NICOTIANA, L. Calyx tubulosus 5-fidus. Cor. infundibiliformis v. hypocrateriformis, limbo 5-fido. Stigma capitatum. Capsula bilocularis, apice 4-fariam dehiscens.—Herbæ v. suffrutices. Flores *terminales, racemosi.* Br. prodr. 1. 447.

N. *nana*, 2-3 uncialis, foliis lanceolatis pilosis: radicalibus quam flores solitarii longioribus, corolla calyce longiore: laciniis obtusis.

Herba *humillima*, 2-3 *uncialis*, *annua*, *acaulis*. Folia *radicalia*, *lanceolata*, *in petiolum brevem decurrentia*, *sæpè paulo obliqua*, *carnosa*, *plana*, *avenia*, *parcè pilosa*. Flores *albi*, *ex axillis foliosum*, *pedicellati*, *solitarii*. Calyx *turbinatus*, *inæqualiter 5-fidus*, *inflatus*, *glanduloso-pilosus*, *subeiscidus*, *tubi corollæ longitudine*. Corolla *tubo cylindraceo*, *pubescente*, *striato*, *limbo patente*, *plicato*, *obsolete 5-lobo*, *lobis rotundatis*, *acutis*. Stamina *basi dilatata*, *infra medium tubi inserta*, *inclusa*. Filamenta *filiformia*, *piloiuscula*. Antheræ *parvæ*, *luteæ*. Ovarium *disco luteo circumdatum*, *ovatum*, *biloculare*, *polyspermum*. Stylus *filiformis*, *deciduus*, *staminum longitudine*. Stigma *capitatum*, *obscure bilobum*, *pubescens*, *viride*.

This curious species of Tobacco was raised from seed sent by William Bird, Esq. from the rocky mountains of North America, to the Horticultural Society. Upon the envelope of the seed, it was stated to be the kind from which the Indians prepare the finest of their tobacco. We find no mention made of it in any of the works of American Botanists: but it is possible that it may have been by them confounded with N. *quadrivalvis*; from which, however, it is truly distinct. It is very impatient of cultivation. In 1823 several plants were obtained from the original parcel of seed; in the present year two only were raised from the seed sowed in 1823; and now, owing to the wetness of the season, only a few seeds have been produced.

Our drawing was made, in the garden of the Horticultural Society, in June last.

A very dwarf annual plant, 1 or 2 inches high, annual, stemless. *Leaves* radical, lanceolate, running down into a

◆ *The Botanical Register* 中有关那那烟草的描述，文中注该烟草亦称落基山烟草（Rocky Mountain Tobacco）

◆那那烟草（Nicotiana nana）[73]

那那烟草（Nicotiana nana）

■约瑟夫·罗克

Joseph Roques

（1772—1850）

法国植物学家和医师约瑟夫·罗克，于 1821 年出版的植物药用图典巨著 *Phytographie Medicale*（药用图谱），在当时引起强烈反响。这部著作实用性极高，市场需求极大，于 1855 年再版。

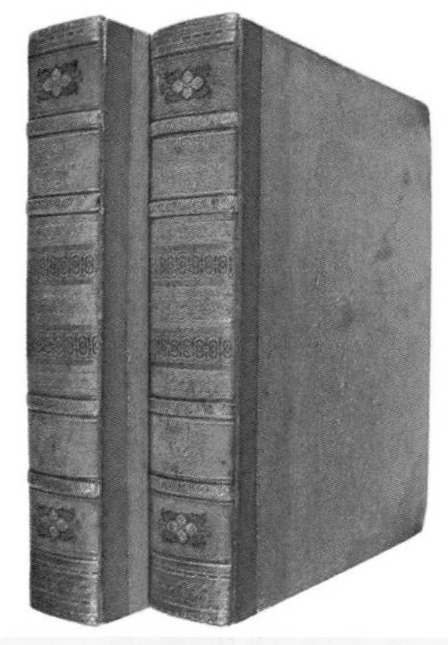

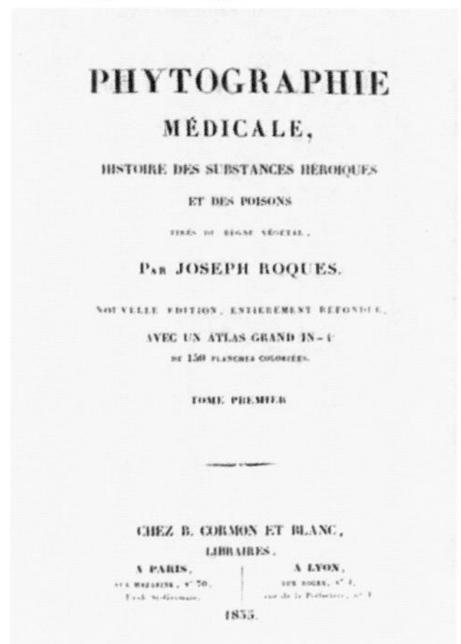

PHYTOGRAPHIE

MÉDICALE,

HISTOIRE DES SUBSTANCES HÉROIQUES

ET DES POISONS

PAR JOSEPH ROQUES.

NOUVELLE EDITION, ENTIEREMENT REFONDUE,

AVEC UN ATLAS GRAND IN-4

TOME PREMIER

CHEZ B. CORMON ET BLANC,

LIBRAIRES.

A PARIS, | A LYON,

1855.

◆ 1855 年再版的 *Phytographie Medicale* 封面

◆黄花烟草（Nicotiana rustica）

图注法语：黄花烟草（Nicotiana rustiqus）[74]

黄花烟草（Nicotiana rustica）

米歇尔·艾蒂安·第斯科提斯

Michel Etienne Descourtilz

（1775—1835）

法国植物学家、医学博士米歇尔·艾蒂安·第斯科提斯曾在加勒比海和南美洲北部广大地区考察，在其 1809 年出版的 *Voyage D'un Naturaliste et Ses Observations Faites sur Les Trois Règnes de La Nature*（自然主义者的旅行及其对自然演化的观察）一书中，收录了他在古巴、海地和圣多明哥等地的植物考察报告。他曾因在当地考察奴隶起义被监禁，后来以医生身份加入美国海难援救协会。1821 年，米歇尔·艾蒂安·第斯科提斯的 *Flora Pittoresque*（植物图谱）出版，该书精确描绘了大量新的、稀有的植物，并且加入了相关植物的化学与药性注释。其八个儿子之一让·西奥多（Jean Théodore Descourtilz）是插图画家，他为 *Flora Pittoresque* 绘制了全部插图。

FLORE PITTORESQUE
ET MEDICALE
DES ANTILLES,
OU
TRAITÉ DES PLANTES USUELLES
DES COLONIES FRANÇAISES, ANGLAISES, ESPAGNOLES ET PORTUGAISES.
DÉDIÉE ET PRÉSENTÉE AU ROI
Par M. E. Descourtilz,
[illegible]
Peinte par J. Th. Descourtilz
[illegible]
TOME SIXIÈME.
PARIS.
CHEZ CROSNIER, receveur de rentes, rue du Mail, n. [illegible];
CHAPPRON, rue de la Grande-Truanderie, n. 50
PICHARD, libraire, rue Feydeau, n. 11
Veuve RENARD, libraire, rue Caumartin, n. 12;
LEVRAULT, libraire, rue de la Harpe, n. 81;
MALEPEYRE, libraire, rue Git-le-Cœur, n. 4.
Et chez les principaux Libraires
1828.

◆ *Flora Pittoresque* 封面

◆普通烟草（Nicotiana tabacum）[75]
图注法语：普通烟草（Nicotiana Tabac）

普通烟草（Nicotiana tabacum）

丹尼尔·瓦格纳

Dániel Wágner
（1800—1890）

匈牙利化学家丹尼尔·瓦格纳致力于植物药用的化学机理研究，并取得非凡成就。28岁时，他完成了*Pharmaceutisch Medicinische Botanik*（药用植物学）并在维也纳出版，该书采用手工彩色石版印刷，使得书中的植物图像如同虚拟现实一般，使人如临真境。

◆普通烟草（Nicotiana tabacum）[76]

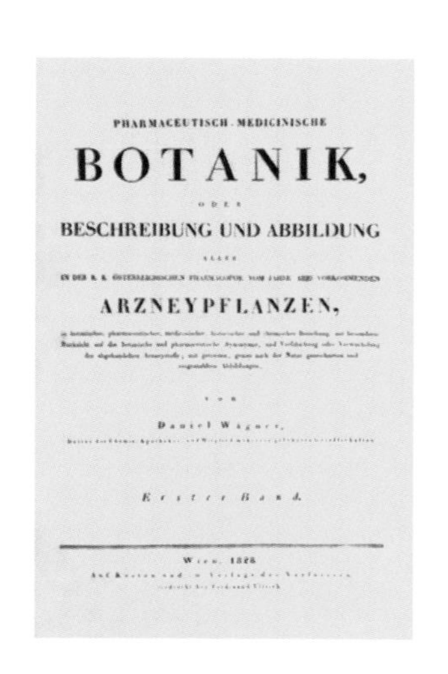

PHARMACEUTISCH-MEDICINISCHE

BOTANIK,

BESCHREIBUNG UND ABBILDUNG

ARZNEYPFLANZEN,

Daniel Wagner,

Erster Band.

Wien, 1828.

◆ *Pharmaceutisch Medicinische Botanik* 封面

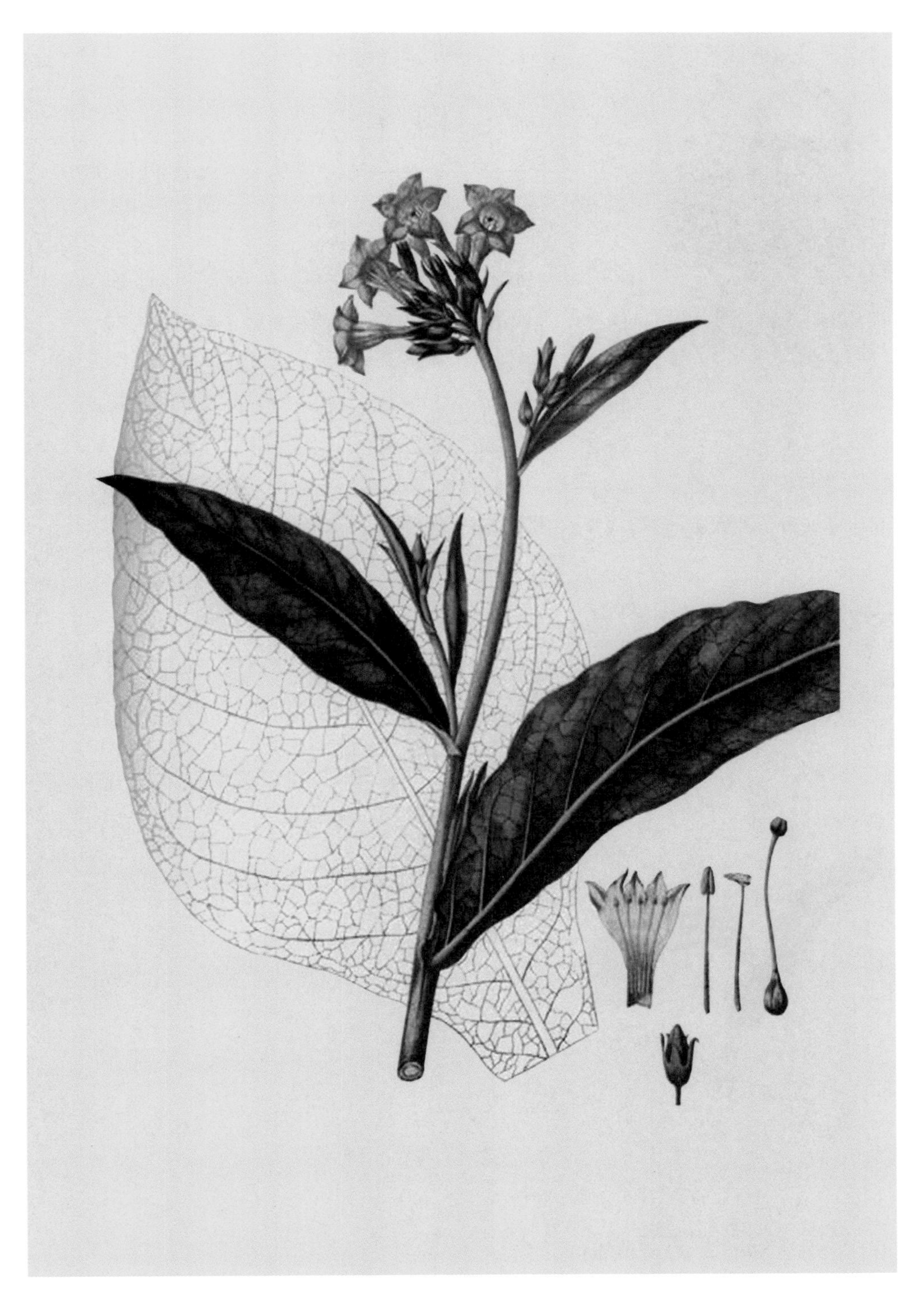

普通烟草（*Nicotiana tabacum*）

约翰·林德利

John Lindley
(1799—1865)

英国植物学家约翰·林德利，在1829—1860年间任伦敦大学学院植物学系主任。他花费数十载，孜孜不倦地为植物登记造册，为园丁编年史。我国出版过约翰·林德利的《植物学入门》译本。1829年，约翰·林德利开始确定“自然系统”的优越性，以区别于“百科全书”式林奈的“人造系统”，并开启了植物学理论的新时代。1833年，约翰·林德利的*Edwards's Botanical Register*（爱德华兹植物集）出版，该书收录了稀有珍品佩尔西卡烟草。

◆佩尔西卡烟草（Nicotiana persica）[77]
文内注其亦称“西拉烟草（Shiraz Tobacco）”

佩尔西卡烟草（Nicotiana persica）

让·亨利·若姆·圣·希莱尔

Jean Henri Jaume Saint Hilaire

（1772—1845）

法国博物学家和艺术家让·亨利·若姆·圣·希莱尔，是法国当时“艺术高于自然”“艺术与自然”等领域的引领者。1833 年，让·亨利·若姆·圣·希莱尔的 *La Flore et La Pomone Françaises*（法国波蒙植物集）[78] 出版，书中收录了矮牵牛花烟草、黄花烟草和黏烟草。

◆矮牵牛花烟草（Nicotiana axillaris），文中法语注为（Tabac Nyctage）

矮牵牛花烟草（Nicotiana axillaris）

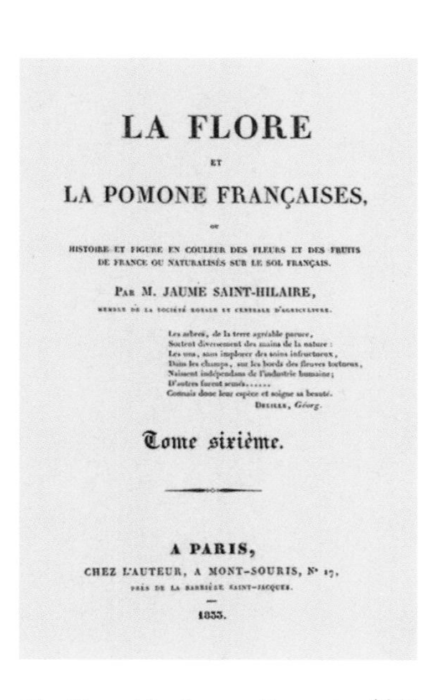

LA FLORE

ET

LA POMONE FRANÇAISES,

OU

HISTOIRE ET FIGURE EN COULEUR DES FLEURS ET DES FRUITS
DE FRANCE OU NATURALISÉS SUR LE SOL FRANÇAIS.

PAR M. JAUME SAINT-HILAIRE,

MEMBRE DE LA SOCIÉTÉ ROYALE ET CENTRALE D'AGRICULTURE.

Les arbres, de la terre agréable parure,
Sortent diversement des mains de la nature :
Les uns, sans implorer des soins infructueux,
Dans les champs, sur les bords des fleuves tortueux,
Naissent indépendans de l'industrie humaine;
D'autres furent semés......
Connais donc leur espèce et soigne sa beauté.

DELILLE, *Géorg.*

Tome sixième.

A PARIS,
CHEZ L'AUTEUR, A MONT-SOURIS, N° 17,
PRÈS DE LA BARRIÈRE SAINT-JACQUES.

1833.

◆*La Flore et La Pomone Françaises* 封面

◆黄花烟草（Nicotiana rustica）
文中法语注：黄花烟草（Tabac Sauvage）亦称阿兹特克烟草（Aztec tobacco）

阿兹特克烟草（Aztec tobacco）

TABAC.

Famille naturelle; LES SOLANÉES.
Système sexuel; PENTANDRIE, MONOGYNIE.

On connait douze à quinze espèces de Tabacs, presque toutes originaires de l'Amérique. L'une d'elles, déjà décrite dans la collection des plantes de France, est connue et cultivée dans les quatre parties du monde; plusieurs autres espèces pourraient la remplacer; il paraît même qu'elle ne fut pas la première apportée et connue en Europe. Elles sont presque toutes annuelles. Leur tige est rameuse, munie de feuilles grandes et entières; les fleurs sont disposées en épis ou en panicules. Elles ont un calice d'une seule pièce, à cinq lobes et persistant. La corolle est monopétale, tubuleuse et à limbe ouvert. Les étamines sont au nombre de cinq. L'ovaire est libre; il se change en une capsule ovale, à deux loges, à deux valves, et contient un grand nombre de graines.

Le Tabac sauvage, *Nicotiana rustica*, LIN., s'élève à trois pieds environ. Ses feuilles sont alternes, ovales, glutineuses et munies de courts pétioles. Les fleurs sont jaunâtres; le limbe de la corolle est évasé et arrondi.

FLEURIT; en septembre.

HABITE; originaire de l'Amérique, cette espèce s'est naturalisée sans aucun soin; car partout où ses graines tombent, la plante se reproduit. On assure que c'est le premier Tabac qu'on apporta en Europe.

Le Tabac gluant, *Nicotiana glutinosa*, LIN., est annuel. Sa tige, haute de trois ou quatre pieds, est légèrement velue. Ses feuilles sont alternes, en cœur, entières et pointues. Les fleurs, d'un rouge terne, ont un calice à cinq divisions inégales.

FLEURIT; en septembre et octobre.

HABITE; le Pérou; cultivé en pleine terre dans les jardins de Paris.

Le Tabac nyctage, *Nicotiana nyctaginiflora*. *Petunia*, JUSS., est une plante annuelle, haute d'environ trois pieds. Ses feuilles sont alternes, ovales, entières et velues. Ses fleurs sont blanches, solitaires aux aisselles des feuilles. Leur calice est à cinq divisions profondes et obtuses. La corolle est monopétale, avec un tube très-long et à cinq étamines d'inégale grandeur.

FLEURIT; en août.

HABITE; le Brésil; cultivé en pleine terre dans les jardins.

USAGES. Tout le monde connaît l'immense consommation qu'on fait en France, en Europe et parmi tous les peuples de la terre, du tabac cultivé. On pourrait lui substituer plusieurs de ses congénères. La différence que l'on observe dans les Tabacs du commerce, provient de la manière de préparer les feuilles et du mélange des feuilles de la même plante, cultivée dans différens pays.

CULTURE. On cultive les Tabacs avec le plus grand succès dans toutes les parties de la France; mais c'est dans les terres vierges de l'Amérique qu'ils acquièrent plus d'élévation, et sont de meilleure qualité.

EXPLICATION DES PLANCHES.

TABAC SAUVAGE. — 1. Calice ouvert et pistil. — 2. Corolle ouverte et étamines. — 3. Fruit coupé transversalement. — 4. Graines.
TABAC GLUANT. — 1. Calice et pistil. — 2. Corolle ouverte et étamines.
TABAC NYCTAGE. — 1. Calice ouvert et pistil. — 2. Corolle ouverte et étamines.

◆ *La Flore et La Pomone Françaises* 中有关黏烟草的描述

◆黏烟草（Nicotiana glutinosa）
文中法语注：黏烟草（Tabac Gluant）

注：我国台湾称黏烟草为心叶烟草

黏烟草（Nicotiana glutinosa）

查尔斯·安东尼·勒梅尔

Charles Antoine Lemaire

（1800—1871）

查尔斯·安东尼·勒梅尔以研究卓越著称，他在巴黎大学完成学业并取得古典文学教授资格后，受法国自然历史博物馆首席园艺家M. 诺伊曼（M. Neumann）的影响，研究领域发生了根本性改变，转而醉心于植物研究。1845年，查尔斯·安东尼·勒梅尔被邀请到比利时根特，任新兴植物期刊 *Flore des Serres et des Jardins de l'Europe*（欧洲温室和花园植物）主编。9年后，他又受邀成为植物期刊 *L'Illustration Horticole* 主编，在任达16年。查尔斯·安东尼·勒梅尔由于挚爱自然科学研究而放弃古典文学，学术生涯中的大部分时间过着苦行僧般的窘迫生活，终其一生没有得到优裕生活与荣耀声誉。继其后任的 *L'Illustration Horticole* 编辑，法国园艺学家爱德华·弗朗索瓦·安德烈（Édouard François André，1840—1911）感慨地写道：“总有一天，未来的人们会给予勒梅尔大大高于当代人的尊崇”。

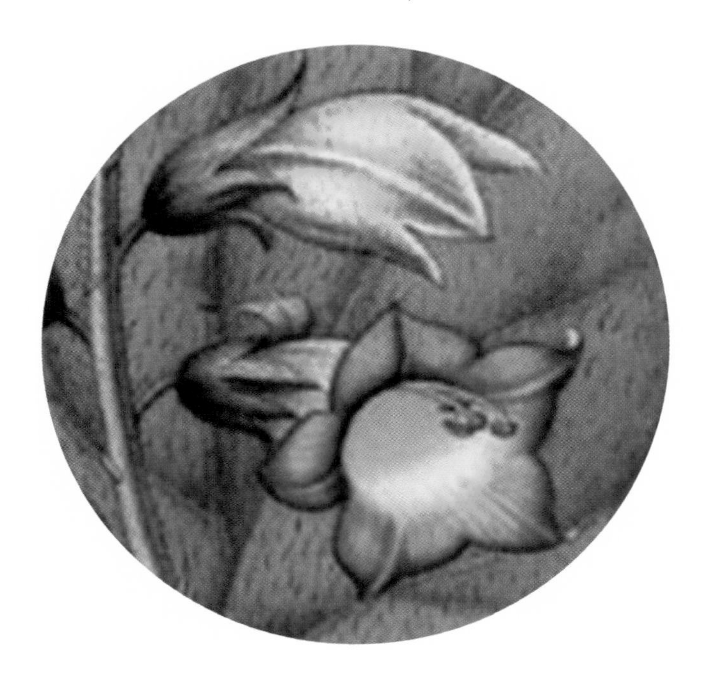

◆手工多彩石印黏烟草（Nicotiana glutinosa）[79]图

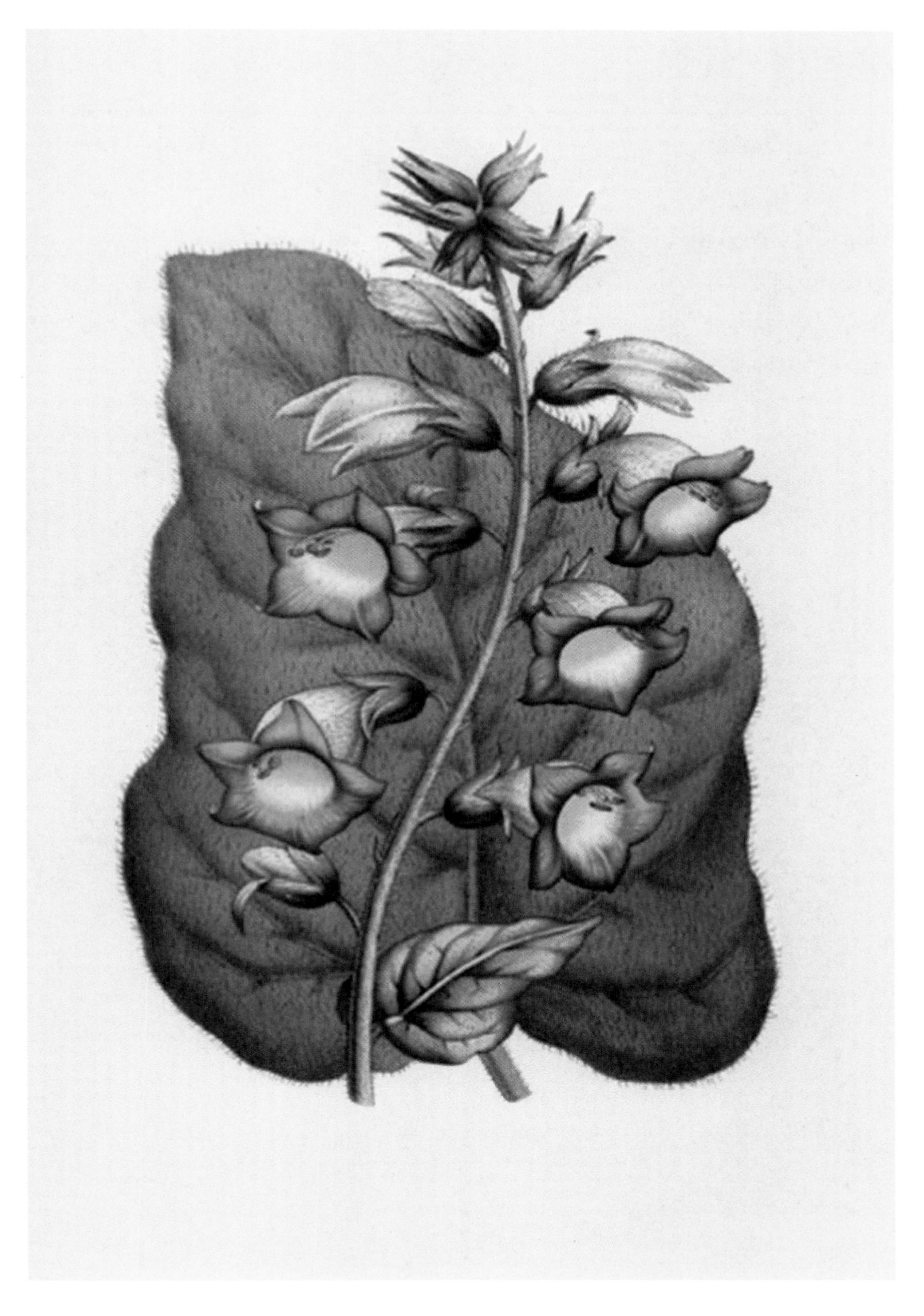

黏烟草（Nicotiana glutinosa）

塞里诺·沃森

Sereno Watson

(1826—1892)

美国植物学家塞里诺·沃森，于1847年从耶鲁大学毕业，从事各种职业，还曾作为远征植物学家加入克拉伦斯国王探险队探索美洲。1873年后，他一直在哈佛大学植物标本馆作策展人。1871年，塞里诺·沃森在美国华盛顿出版的 *Botany*（植物学）[80] 一书，收录素描版渐狭叶烟草和毕基劳氏烟草。

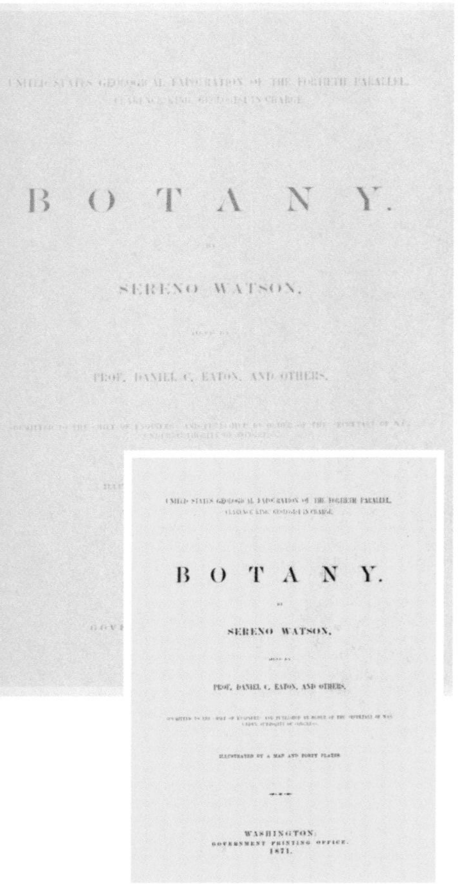

◆ *Botany* 封面

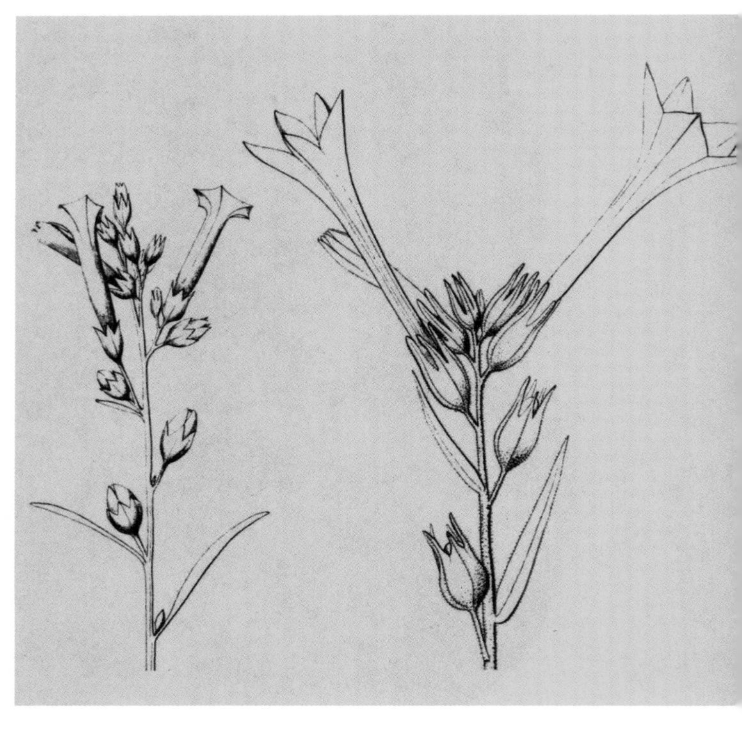

渐狭叶烟草（Nicotiana attenuata）（左）
毕基劳氏烟草（Nicotiana bigelovii）（右）

渐狭叶烟草（Nicotiana attenuata）、毕基劳氏烟草（Nicotiana bigelovii）

查尔斯·弗朗索瓦·安托万·莫伦

Charles François Antoine Morren

(1807—1858)

查尔斯·雅克·爱德华·莫伦

Charles Jacques Édouard Morren

(1833—1886)

比利时植物学家查尔斯·弗朗索瓦·安托万·莫伦、查尔斯·雅克·爱德华·莫伦父子，从1851年到1885年共出版了35卷 *La Belgique Horticole*, *Journal des Jardins et des Vergers Founded*（比利时园艺，花园和果园杂志），该期刊在比利时享有盛名。在1873年出版的第23卷期刊中，收录了野生烟草稀缺珍品芹叶烟草。

查尔斯·弗朗索瓦·安托万·莫伦是列日大学植物园主任和植物学教授，他的儿子查尔斯·雅克·爱德华·莫伦也是列日大学植物园主任，为菠萝科专家。

◆芹叶烟草（Nicotiana wigandioides）[81]

芹叶烟草（Nicotiana wigandioides）

▪ 赫尔曼·阿道夫·科勒

Hermann Adolf（Adolph）Köhler

（1834—1879）

德国内科医生、植物学家赫尔曼·阿道夫·科勒，其杰出的四卷本德文版著作 *Köhler's Medicinal Plants*（科勒药用植物）于1883—1898年间陆续付梓。1887年，首卷出版时，赫尔曼·阿道夫·科勒已去世8年。该四卷本包括来自欧洲几个国家的药用植物，被西特韦尔（Sitwell）和 布伦特（Blunt）描述为“植物学领域最优秀，最有用的药用植物丛书”。全书由德国植物学家古斯塔夫·帕布斯特（Gustav Pabst）编撰。书中的植物图由当时著名画家沃尔特·米勒（Walther Müeller）和C.F.施密特（C.F. Schmidt）精心绘制，交由技艺精湛的K.冈瑟（K. Gunther）以石版和锌版套色印刷而成。*Great Flower Books*（大花书）曾这样评论：“这是以植物学专业立场描绘的最艺术且最有价值的药用植物图谱。”

◆ *Köhler's Medicinal Plants*（Band. Ⅰ）封面

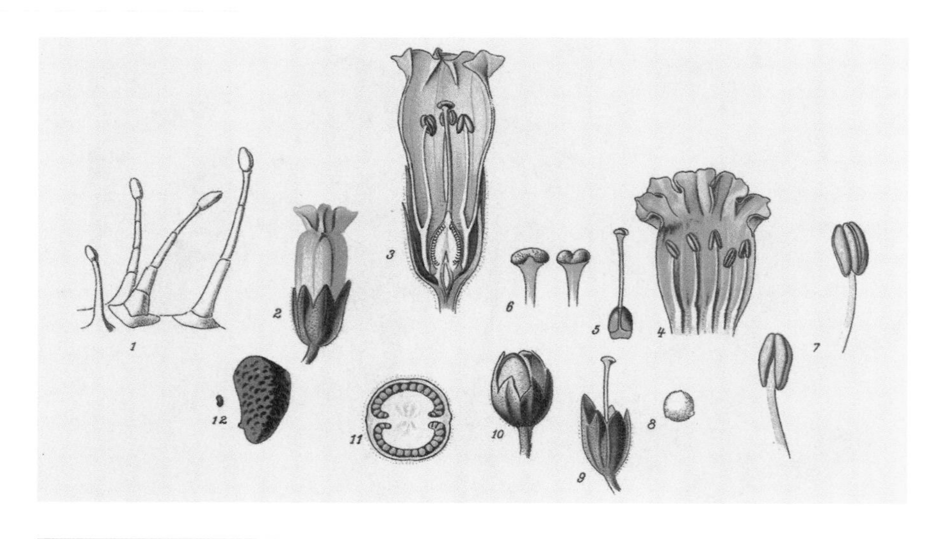

黄花烟草（Nicotiana rustica）[82]
图注：
1.绒毛 2.花 3.轴向剖面 4.花冠 5.心蕊 6.雌蕊头 7.雄蕊 8.水中孢粉 9.花萼
10.蒴果 11.蒴果横断面 12.种子

黄花烟草（Nicotiana rustica）

◆ *Köhler's Medicinal Plants*（Band Ⅰ）封面

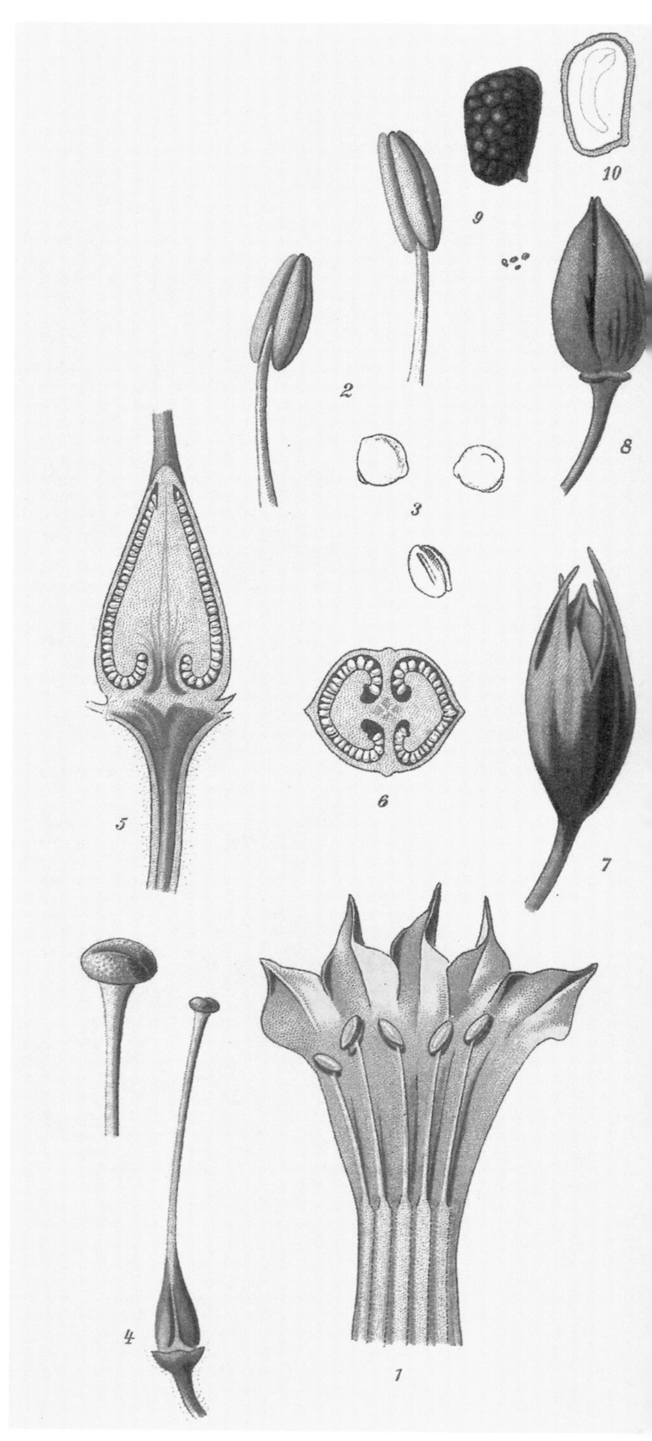

普通烟草（Nicotiana Tabacum）[83]
图注：
1. 花冠 2. 雄蕊 3. 花粉孢子 4. 子房花柱和柱头 5. 子房纵剖面 6. 子房横切面 7. 蒴果及蒴柄 8. 蒴果 9. 种子 10. 种子剖面

普通烟草（Nicotiana tabacum）

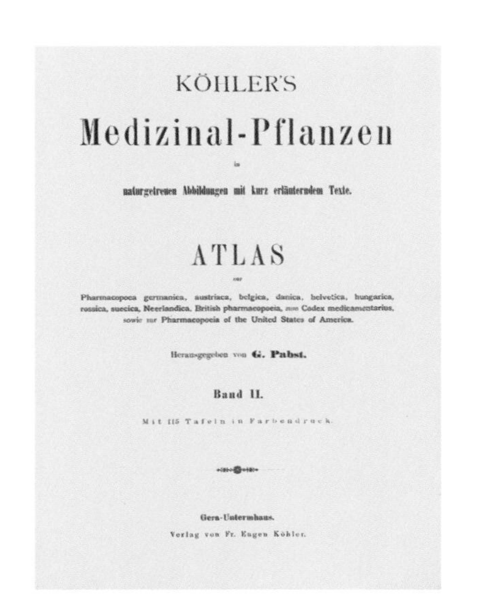

KÖHLER'S

Medizinal-Pflanzen

in

naturgetreuen Abbildungen mit kurz erläuterndem Texte.

ATLAS

zur

Pharmacopoea germanica, austriaca, belgica, danica, helvetica, hungarica, rossica, suecica, Neerlandica, British pharmacopoeia, zum Codex medicamentarius, sowie zur Pharmacopoeia of the United States of America.

Herausgegeben von **G. Pabst.**

Band II.

Mit 115 Tafeln in Farbendruck.

Gera-Untermhaus.

Verlag von Fr. Eugen Köhler.

◆ *Köhler's Medicinal Plants*（Band Ⅱ）封面

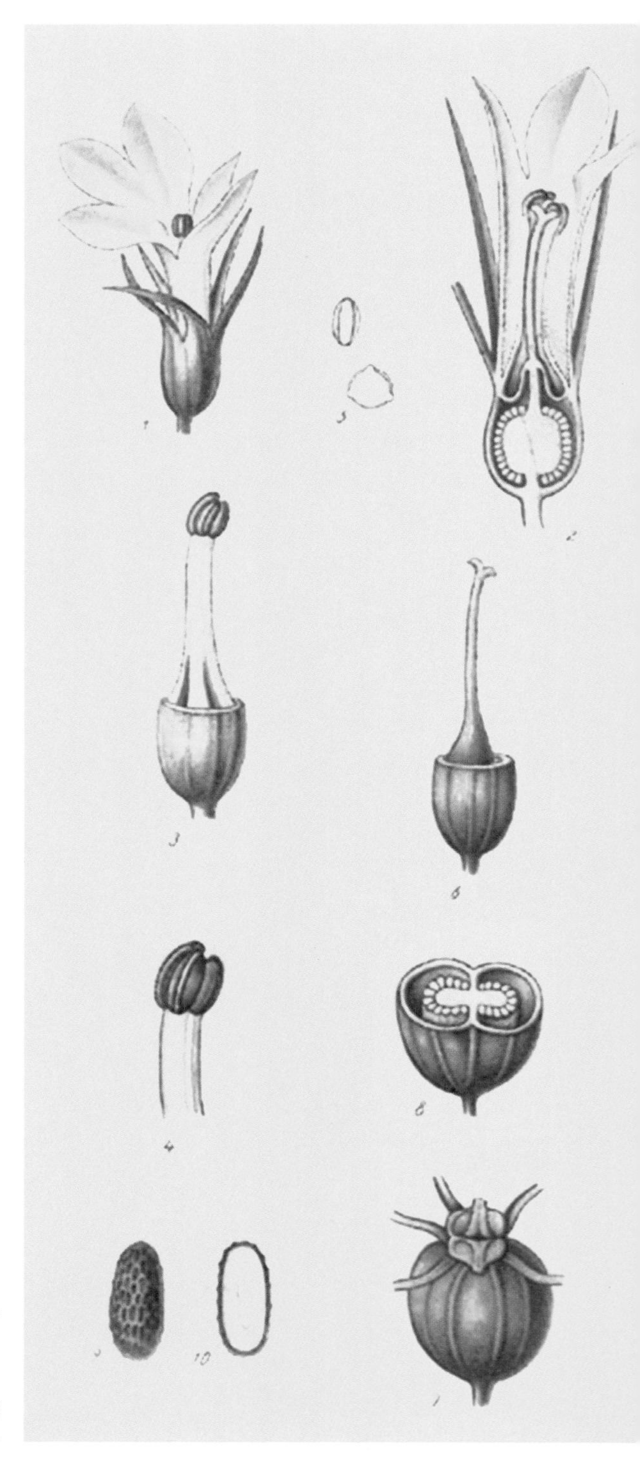

印第安烟草（Indian tobacco）[84]花的结构
文中注此植物为山梗菜(Lobelia inflata L.)

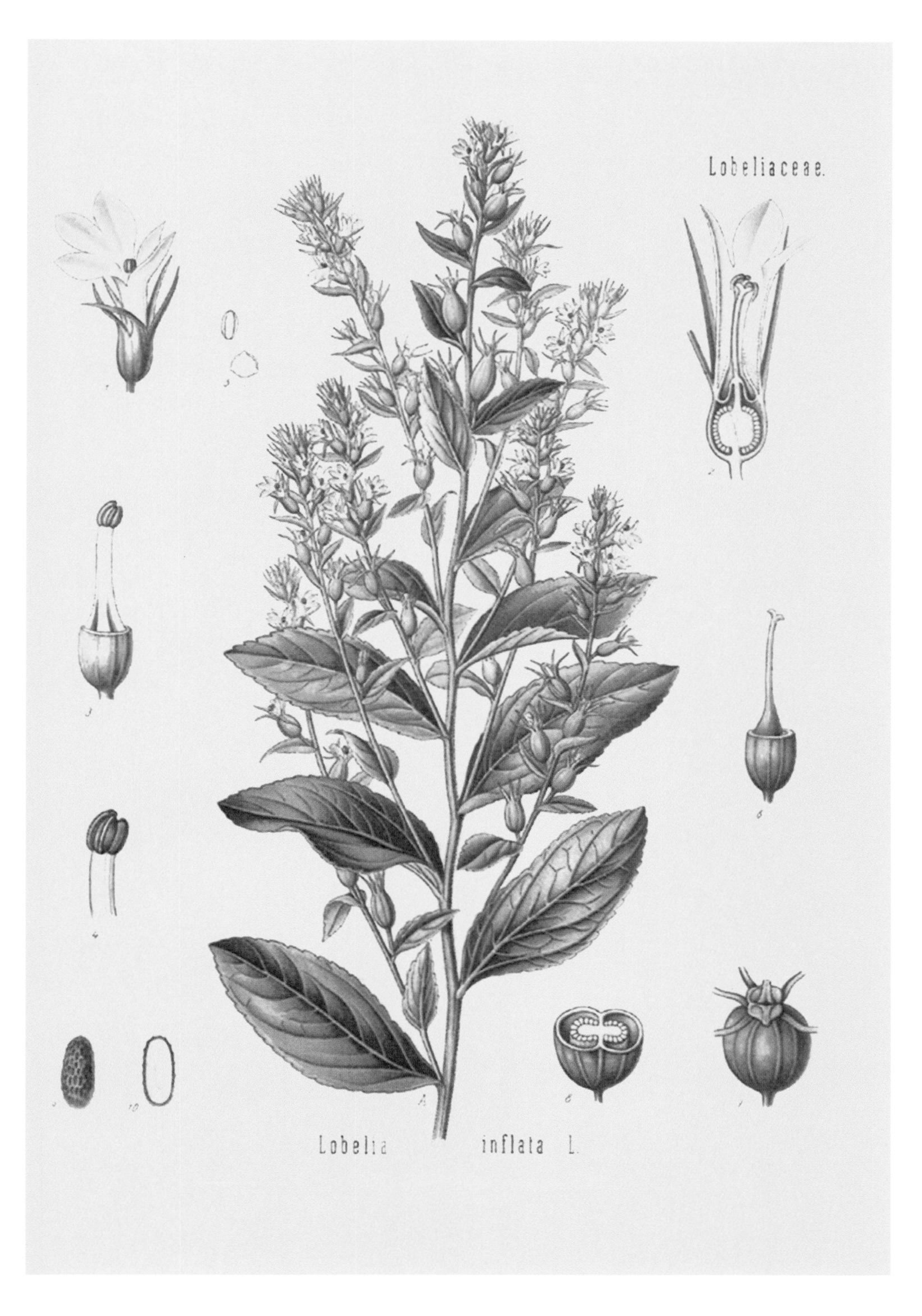

印第安烟草（Indian tobacco）

加勒特·约翰

Garrett John
(1843—1910)

尼克尔森·乔治

Nicholson George
(1847—1908)

杰姆斯·威廉·海伦斯

James William Helenus
(1851—1919)

1884年，于英国伦敦出版的 *The Illustrated Dictionary of Gardening*（图解园艺词典），是当时园艺师和植物学家的实用和科学的园艺百科全书。该书由加勒特·约翰、尼克尔森·乔治和杰姆斯·威廉·海伦斯共同编撰，收录了31种野生烟草，其中包括尖花烟草、香甜烟草、普通烟草及芹叶烟草图谱[85]。

◆ *The Illustrated Dictionary of Gardening* 封面

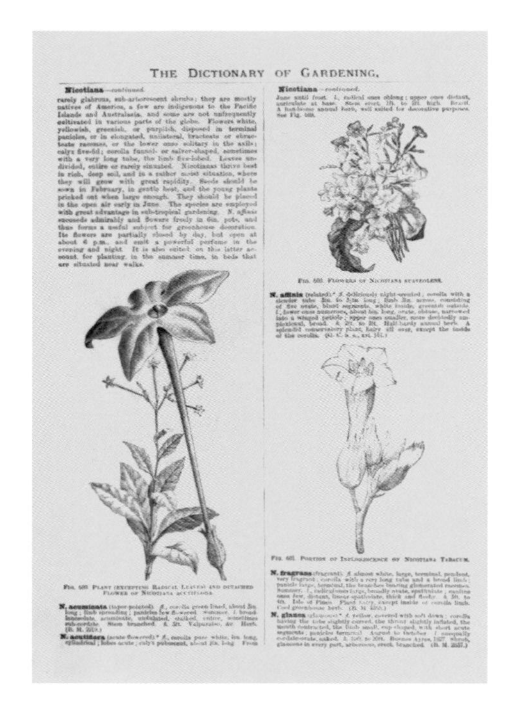
THE DICTIONARY OF GARDENING.

◆ *The Illustrated Dictionary of Gardening* 中有关尖花烟草、香甜烟草和普通烟草的描述

尖花烟草（Nicotiana acutiflora）

香甜烟草（Nicotiana suaveolens）

普通烟草（*Nicotiana tabacum*）

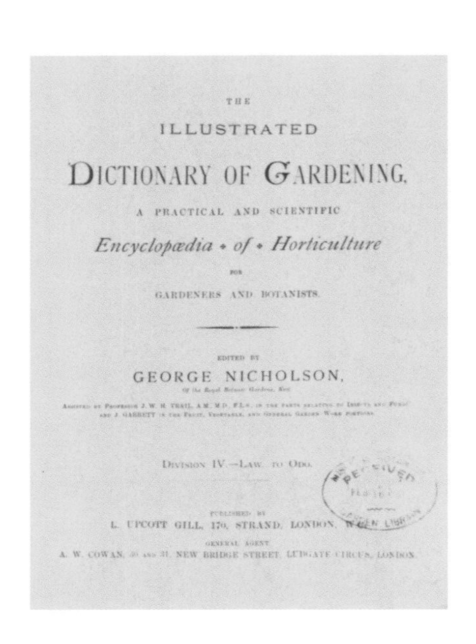
THE

ILLUSTRATED

DICTIONARY OF GARDENING,

A PRACTICAL AND SCIENTIFIC

Encyclopædia ◆ of ◆ Horticulture

FOR

GARDENERS AND BOTANISTS.

EDITED BY

GEORGE NICHOLSON,

Of the Royal Botanic Gardens, Kew.

DIVISION IV.—LAW TO ODO.

PUBLISHED BY

L. UPCOTT GILL, 170, STRAND, LONDON, W.C.

GENERAL AGENT

A. W. COWAN, 30 AND 31, NEW BRIDGE STREET, LUDGATE CIRCUS, LONDON.

◆ *The Illustrated Dictionary of Gardening* 封面

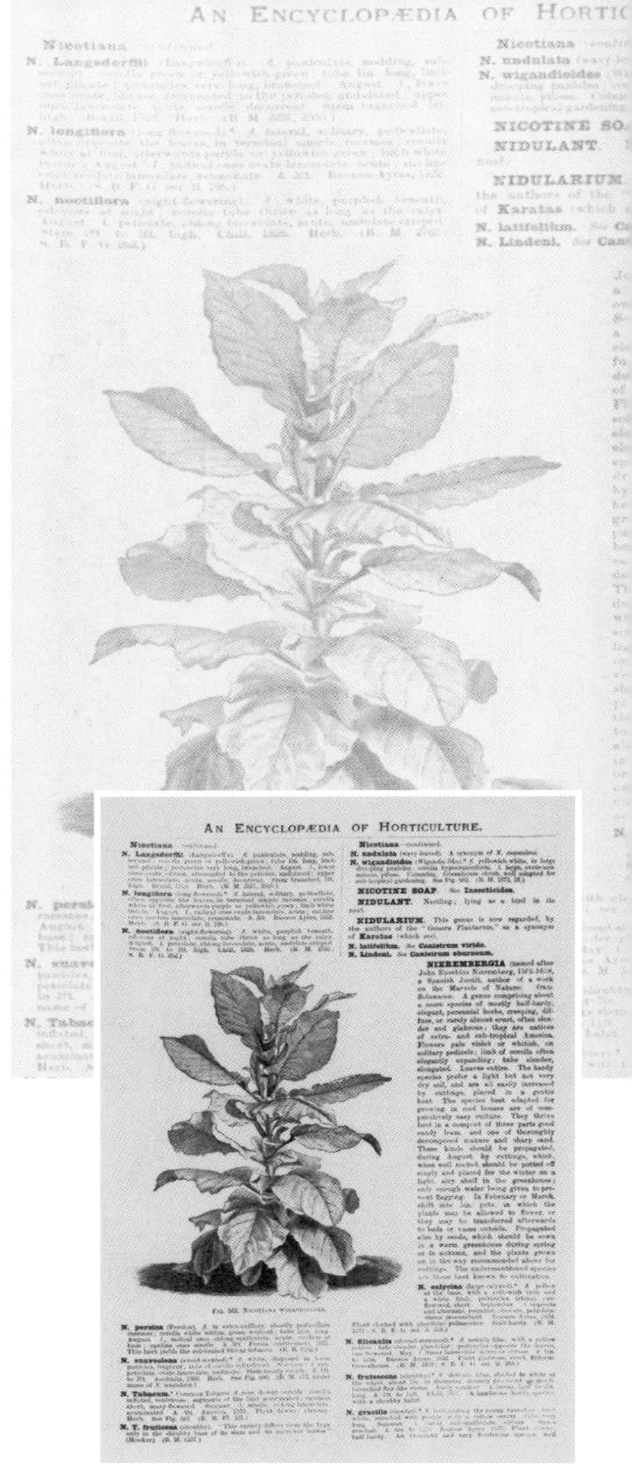
AN ENCYCLOPÆDIA OF HORTICULTURE.

Nicotiana—*continued.*

N. Langsdorffii

N. longiflora

N. noctiflora

Nicotiana—*continued.*

N. undulata

N. wigandioides

NICOTINE SOAP. See **Insecticides.**

NIDULANT. Nestling; lying as a bird in its nest.

NIDULARIUM. This genus is now regarded, by the authors of the "Genera Plantarum," as a synonym of **Karatas** (which see).

N. latifolium. See **Canistrum viride.**

N. Lindeni. See **Canistrum eburneum.**

NIEREMBERGIA (named after John Eusebius Nieremberg, 1595-1658, a Spanish Jesuit, author of a work on the Marvels of Nature). ORD. *Solanaceæ.* A genus comprising about a score species of mostly half-hardy, elegant, perennial herbs, creeping, diffuse, or rarely almost erect, often slender and glabrous; they are natives of extra- and sub-tropical America. Flowers pale violet or whitish, on solitary pedicels; limb of corolla often elegantly expanding; tube slender, elongated. Leaves entire. The hardy species prefer a light but not very dry soil, and are all easily increased by cuttings, placed in a gentle heat. The species best adapted for growing in cool houses are of comparatively easy culture. They thrive best in a compost of three parts good sandy loam, and one of thoroughly decomposed manure and sharp sand. These kinds should be propagated, during August, by cuttings, which, when well rooted, should be potted off singly and placed for the winter on a light, airy shelf in the greenhouse; only enough water being given to prevent flagging. In February or March, shift into 5in. pots, in which the plants may be allowed to flower, or they may be transferred afterwards to beds or vases outside. Propagated also by seeds, which should be sown in a warm greenhouse during spring or in autumn, and the plants grown on in the way recommended above for cuttings. The undermentioned species are those best known to cultivation.

N. calycina

N. persica

N. suaveolens

N. Tabacum

N. T. fruticosa

N. filicaulis

N. frutescens

N. gracilis

◆ *The Illustrated Dictionary of Gardening* 中有关芹叶烟草的描述

芹叶烟草（Nicotiana wigandioides）

查尔斯·弗雷德里克·米尔斯波

Charles Frederick Millspaugh

（1854—1923）

美国植物学家查尔斯·弗雷德里克·米尔斯波，1891—1893年任西弗吉尼亚大学植物学教授，1894年任自然历史博物馆植物学馆馆长，1897—1923年任芝加哥顺势疗法医学院医学植物学教授、芝加哥大学植物学教授。查尔斯·弗雷德里克·米尔斯波曾对西印度群岛、巴西和南美等地区进行了探索，著有*American Medical Plants*（美国医用植物）（1887）、*Flora of West Virginia*（西弗吉尼亚州的植物群）（1891年）等，其1892年出版的*Medicinal Plants*（药用植物）收录了普通烟草[86]。

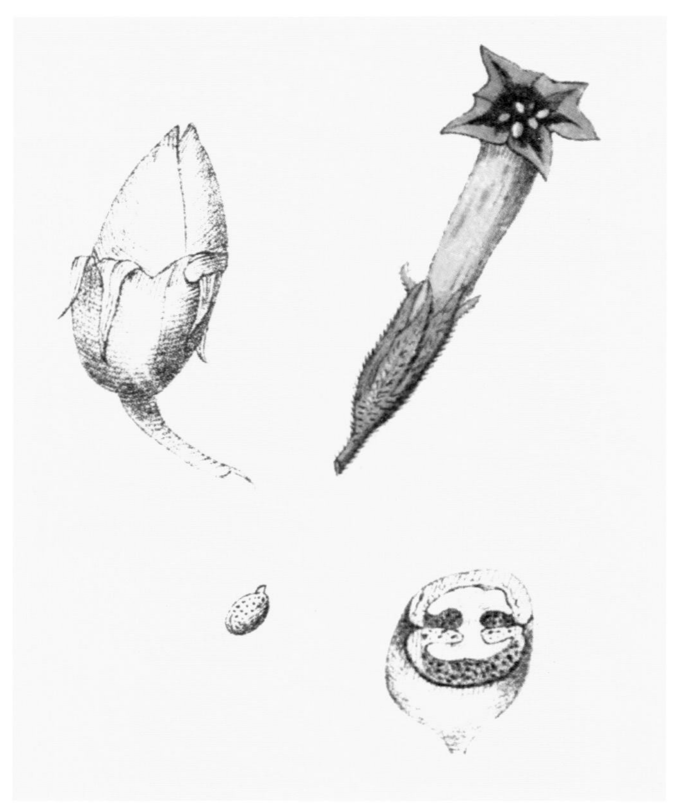

◆普通烟草（*Nicotiana tabacum*）花、蒴果、种子及蒴果剖面

普通烟草（*Nicotiana tabacum*）

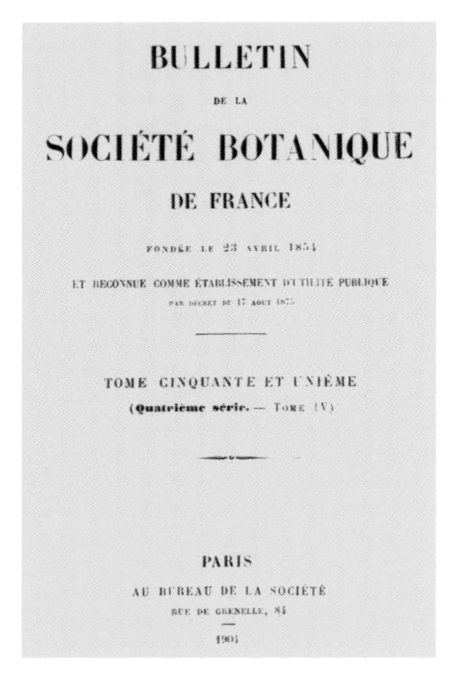

BULLETIN

DE LA

SOCIÉTÉ BOTANIQUE

DE FRANCE

FONDÉE LE 23 AVRIL 1854

ET RECONNUE COMME ÉTABLISSEMENT D'UTILITÉ PUBLIQUE

PAR DÉCRET DU 17 AOUT 1875

TOME CINQUANTE ET UNIÈME

(Quatrième série. — TOME IV)

PARIS

AU BUREAU DE LA SOCIÉTÉ

RUE DE GRENELLE, 84

1904

◆ *Bulletin de la Société Botanique de France*（法国植物学会通讯）封面

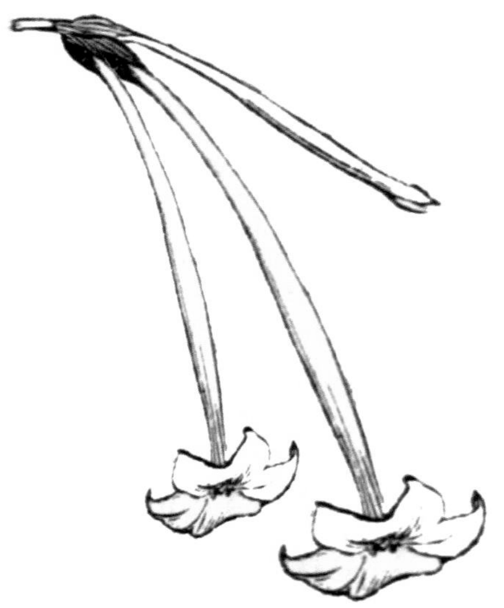

◆西尔维斯特里烟草（Nicotiana silvestris）花[87]

西尔维斯特里烟草（Nicotiana silvestris）

▪纳撒尼尔·劳德·布里顿

Nathaniel Lord Britton

（1859—1934）

纳撒尼尔·劳德·布里顿是美国植物学家和分类学家，他在植物分类学新理论、新工具和新方法方面引领着当时的学界。纳撒尼尔·劳德·布里顿的著作 *An Illustrated Flora of The Northern United States, Canada and The British Possessions*（北美，加拿大及英联邦所属区植物图典）[88] 于 1913 年出版，书中收录了木刻版长花烟草和黄花烟草。木刻版画以极简明了的线条刻画了长花烟草和黄花烟草主要植株构件，烟草花、蒴果及种子的形态。

黄花烟草（*Nicotiana rustica*）

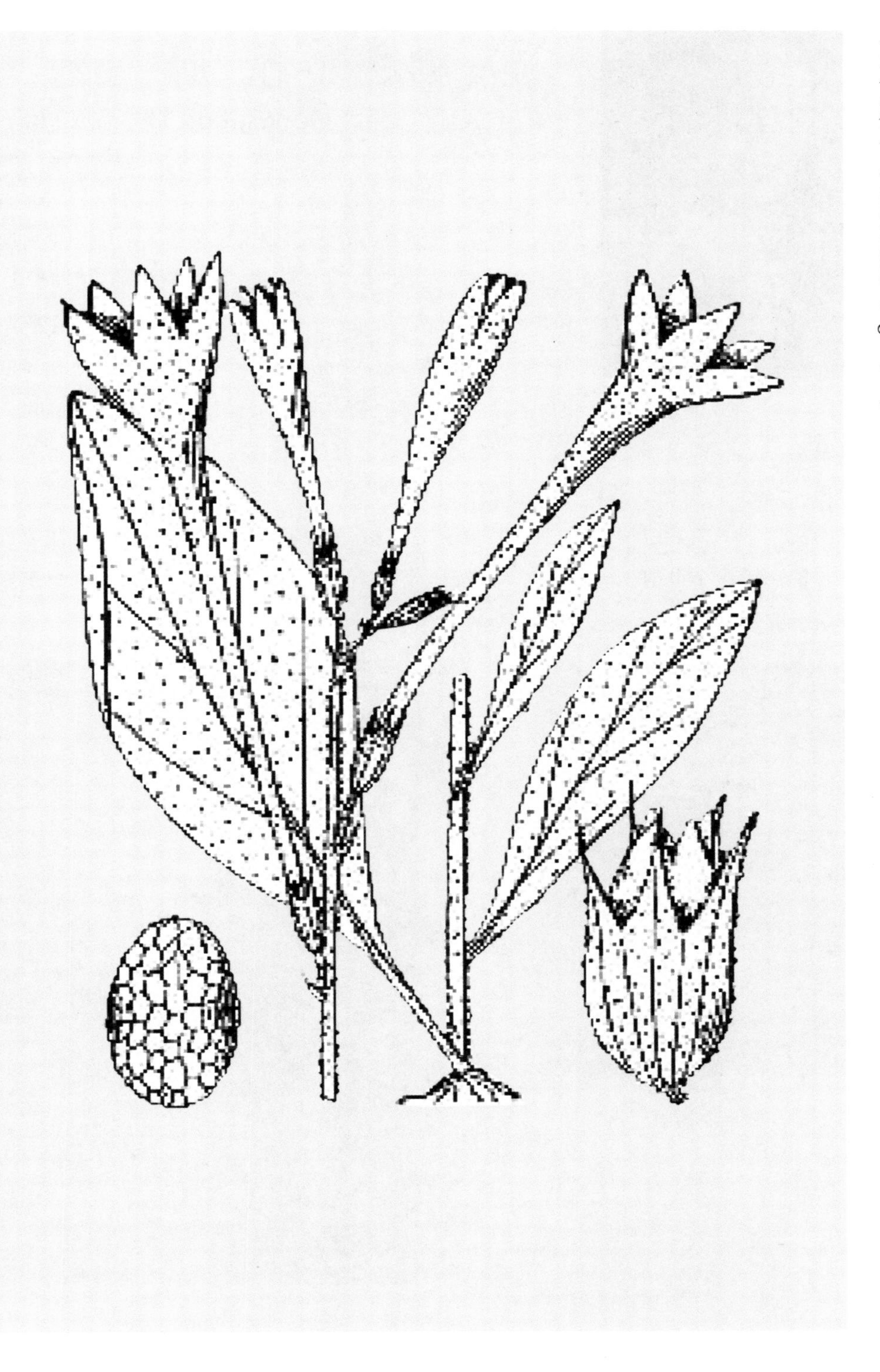

长花烟草（Nicotiana longiflora）

古特斯皮德·托马斯·哈珀

Goodspeed Thomas Harper

（1887—1966）

美国植物学家古特斯皮德·托马斯·哈珀的烟草属研究具有开创性、科学性和标志性之划时代意义，其于1945年出版了大部头 *Studies in Nicotiana*（烟草研究）。1954年，其出版的 *The Genus Nicotiana*（烟草属）一书根据烟草原产地、植物学形态特征、染色体数目、染色体形态结构、染色体联会特点、种间杂交的可能性、种间杂种育性等研究结果，把烟草属分为黄花烟亚属（Rustica）、普通烟亚属（Tabacum）和碧冬烟亚属（Petunioides）3个亚属、14个组、60个种。其后，学界将已发现的野生烟草按基因划分为66个种。古特斯皮德氏分类标准沿用近半个世纪。学界以古特斯皮德氏烟草为新发现的野生烟草命名，以彰显他在烟属研究方面的突出贡献。

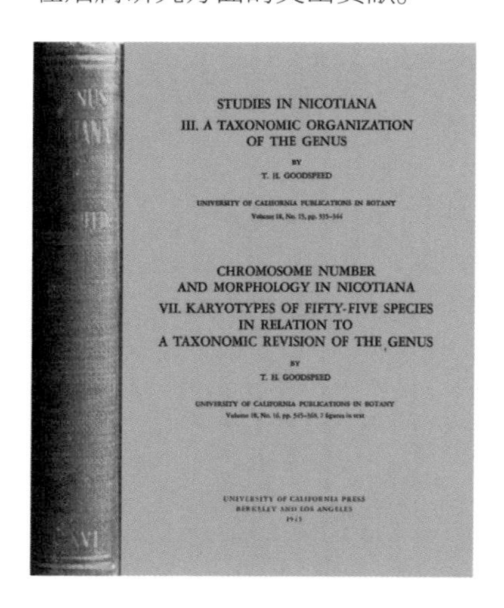

STUDIES IN NICOTIANA
III. A TAXONOMIC ORGANIZATION
OF THE GENUS
BY
T. H. GOODSPEED

UNIVERSITY OF CALIFORNIA PUBLICATIONS IN BOTANY

CHROMOSOME NUMBER
AND MORPHOLOGY IN NICOTIANA
VII. KARYOTYPES OF FIFTY-FIVE SPECIES
IN RELATION TO
A TAXONOMIC REVISION OF THE GENUS
BY
T. H. GOODSPEED

UNIVERSITY OF CALIFORNIA PUBLICATIONS IN BOTANY

UNIVERSITY OF CALIFORNIA PRESS
BERKELEY AND LOS ANGELES

◆ *Studies in Nicotiana* 封面

◆古特斯皮德氏烟草（Nicotiana goodspeedii）[89] 花

古特斯皮德氏烟草（Nicotiana goodspeedii）

第二章

野生烟草生态多样化图目

烟草种植资本化追求，培育出的普通烟草和黄花烟草的子孙已超数千品种。当这些人工培育出的品种无法抵御这样那样的病害虫害时，野生烟草便成为它们特殊的靶向救星。然而，野生烟草命运多舛，慧识其珍者了了。谁来关心野生烟草植物的濒危命运呢？本章，收集并集成绘制了2022年国际最新名录— 89种野生烟草图牒，拟以此记录和展示野生烟草植物的特殊面貌。

Chapter Two

丛生烟草（Nicotiana acaulis）[90]

非洲烟草（Nicotiana africana）[91]

花烟草（Nicotiana alata）[92]

阿米基诺氏烟草（Nicotiana ameghinoi）[93]

抱茎烟草（Nicotiana amplexicaulis）[94]

阿伦特氏烟草（Nicotiana arentsii）[95]

贝纳末特氏烟草（Nicotiana benavidesii）[96]

本塞姆氏烟草（Nicotiana benthamiana）[97]

博内里烟草（Nicotiana bonariensis）[98]

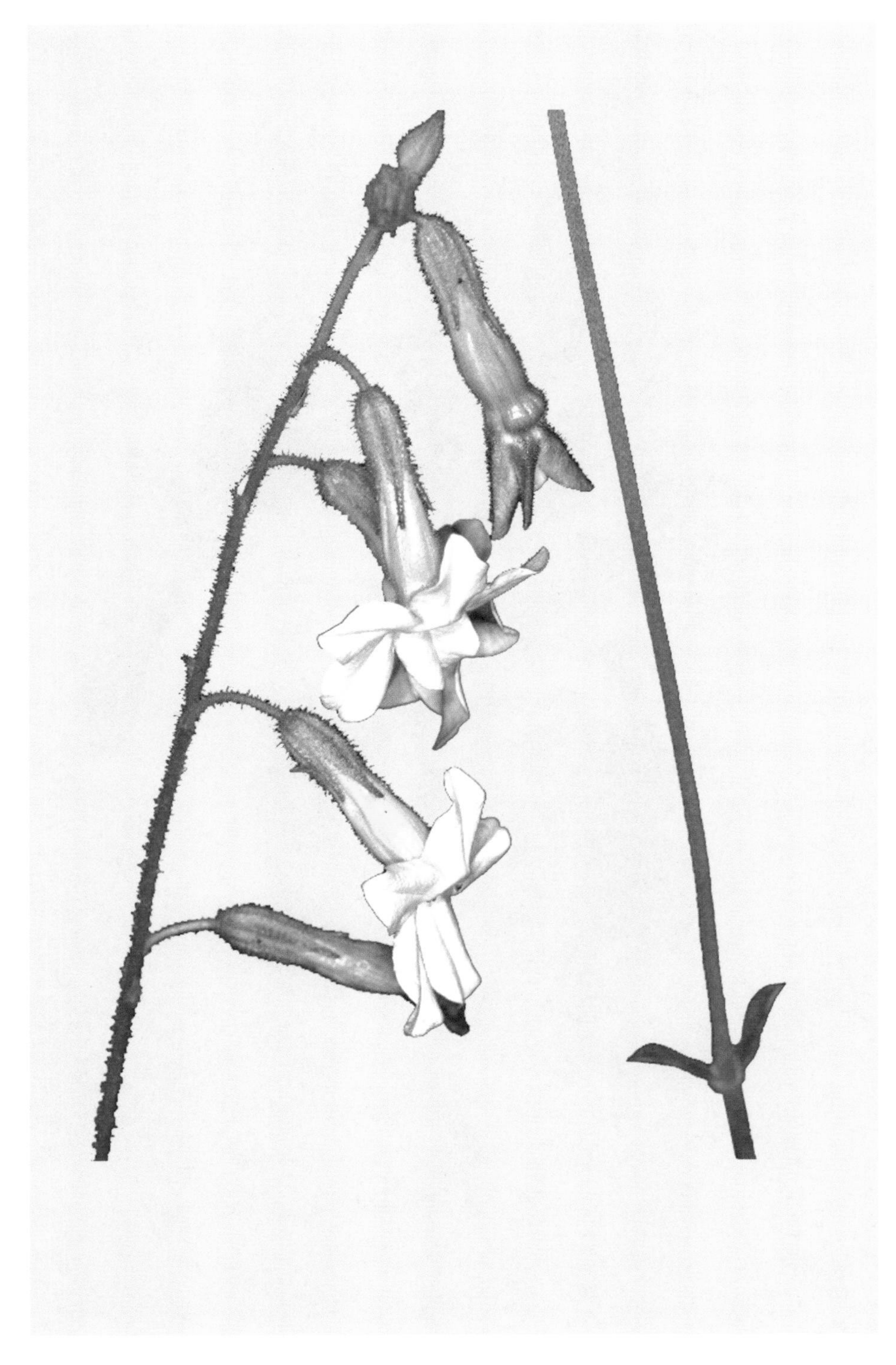

巴比德烟草（*Nicotiana burbidgeae*）[99]

洞生烟草（Nicotiana cavicola）[100]

克利夫兰氏烟草（*Nicotiana clevelandii*）[101]

心叶烟草（Nicotiana cordifolia）[102]

伞状烟草（Nicotiana corymbosa）[103]

卡特勒烟草（Nicotiana cutleri）[104]

迪勃纳氏烟草（*Nicotiana debneyi*）[105]

高烟草（Nicotiana excelsior）［106］

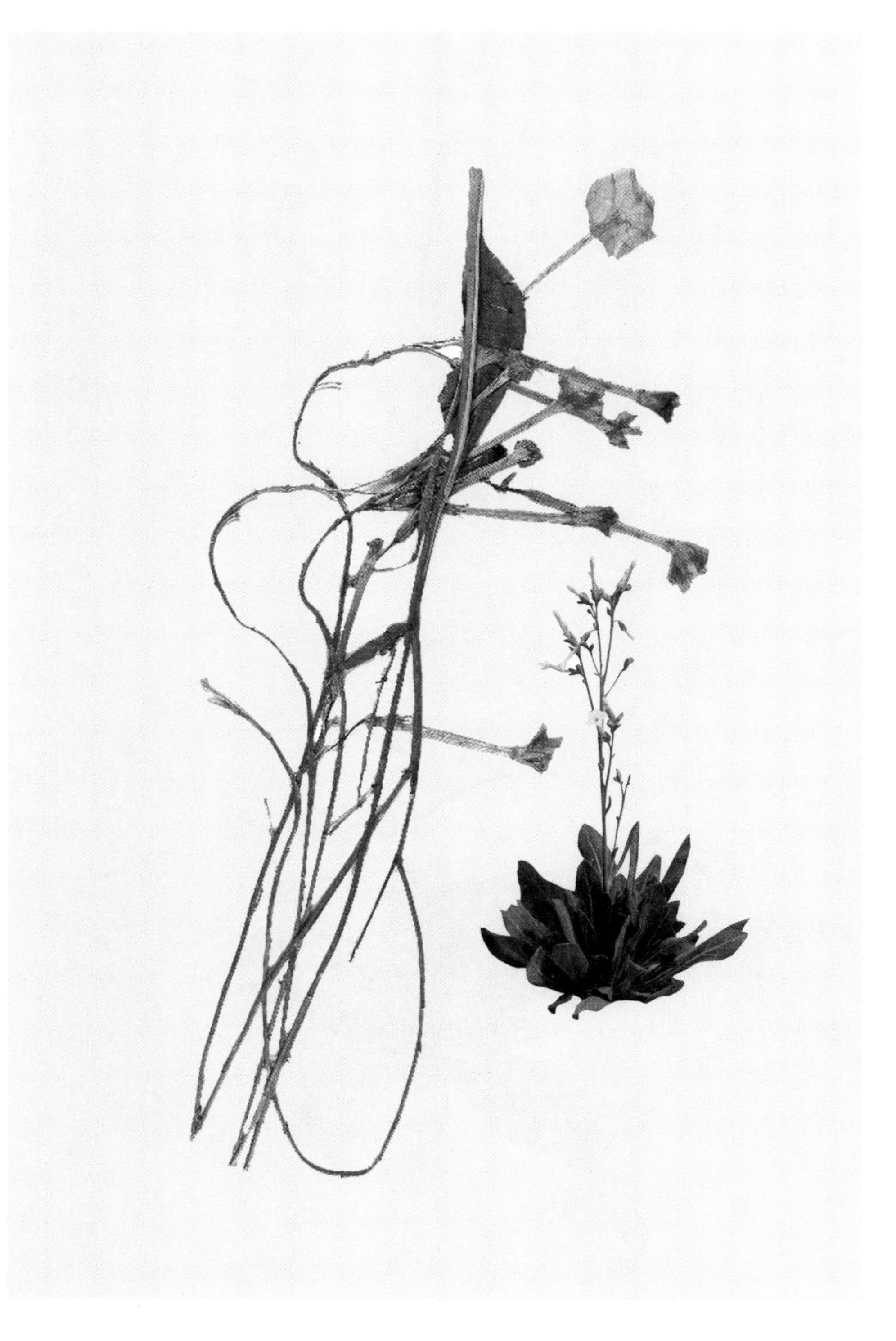

稀少烟草（Nicotiana exigua）[107]

福斯克拉烟草（Nicotiana faucicola）［108］

福斯特里烟草（*Nicotiana forsteri*）[109]

甘达雷拉烟草（Nicotiana gandarela）[110]

加斯科伊尼察烟草（Nicotiana gascoynica）[111]

哥西氏烟草（Nicotiana gossei）[112]

西烟草（*Nicotiana hesperis*）【113】

赫特阮斯烟草（Nicotiana heterantha）［114］

因古儿巴烟草（*Nicotiana ingulba*）[115]

奈特氏烟草（Nicotiana knightiana）[116]

狭叶烟草（Nicotiana linearis）［117］

长苞烟草（Nicotiana longibracteata）[118]

长花烟草（*Nicotiana longiflora*）[119]

大叶藻烟草（Nicotiana macrophylla）[120]

海滨烟草（*Nicotiana maritima*）[121]

特大管烟草（*Nicotiana megalosiphon*）［122］

摩西氏烟草（*Nicotiana miersii*）[123]

姆特毕理斯烟草（Nicotiana mutabilis）[124]

内索菲拉烟草（Nicotiana nesophila）[125]

裸茎烟草（Nicotiana nudicaulis）[126]

欧布特斯烟草（Nicotiana obtusifolia）【127】

西方烟草（Nicotiana occidentalis）[128]

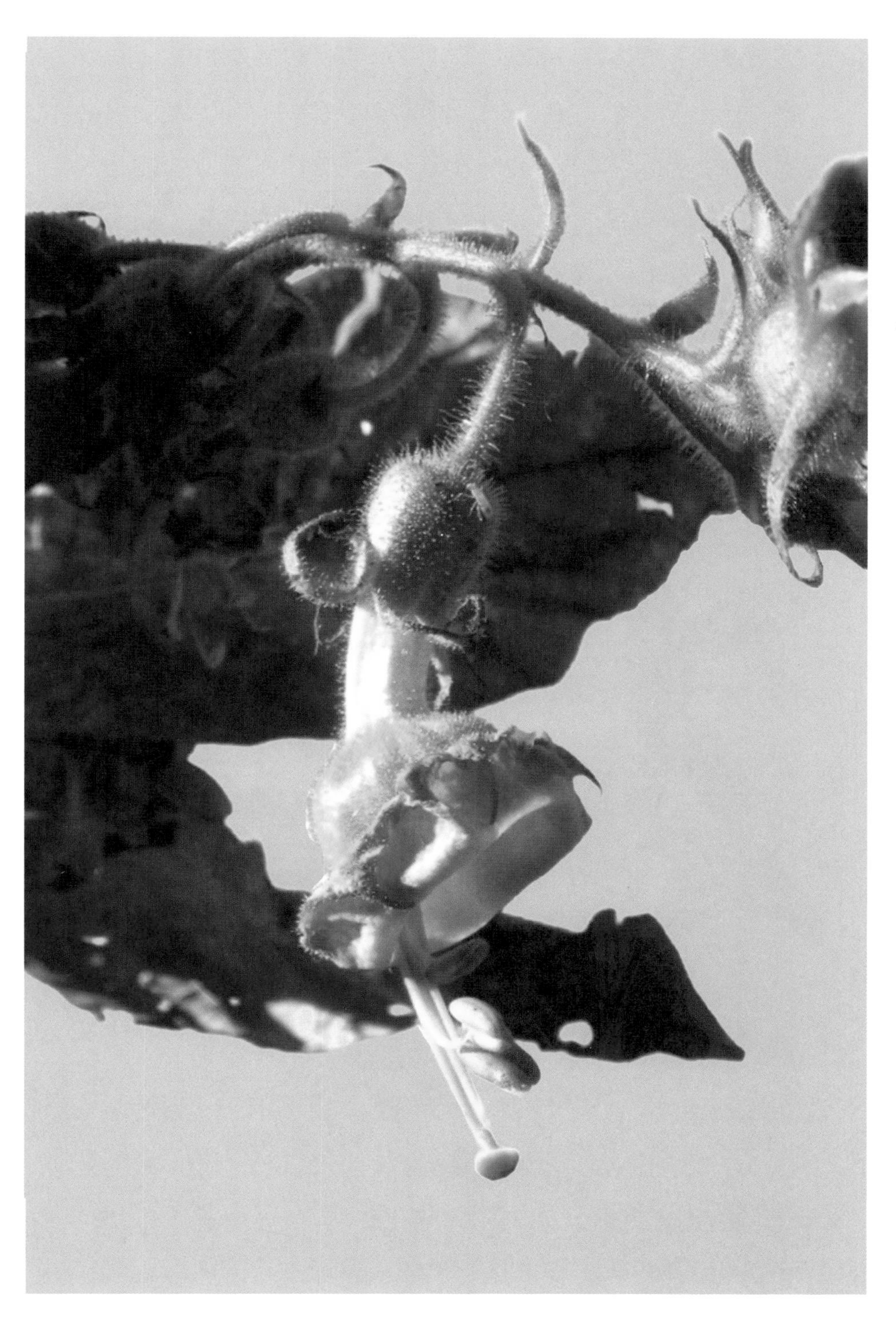

耳状烟草（Nicotiana otophora）［129］

帕欧姆烟草（Nicotiana palmeri）【130】

圆锥烟草（Nicotiana paniculata）（左）、黄花烟草（Nicotiana rustica）（右）[131]

少花烟草（Nicotiana pauciflora）[132]

碧冬烟草（*Nicotiana petunioides*）[133]

蓝茉莉叶烟草（Nicotiana plumbaginifolia）[134]

雷蒙德氏烟草（Nicotiana raimondii）［135］

莲座叶烟草（Nicotiana rosulata）[136]

圆叶烟草（Nicotiana rotundifolia）〔137〕

鲁皮科拉烟草（Nicotiana rupicola）［138］

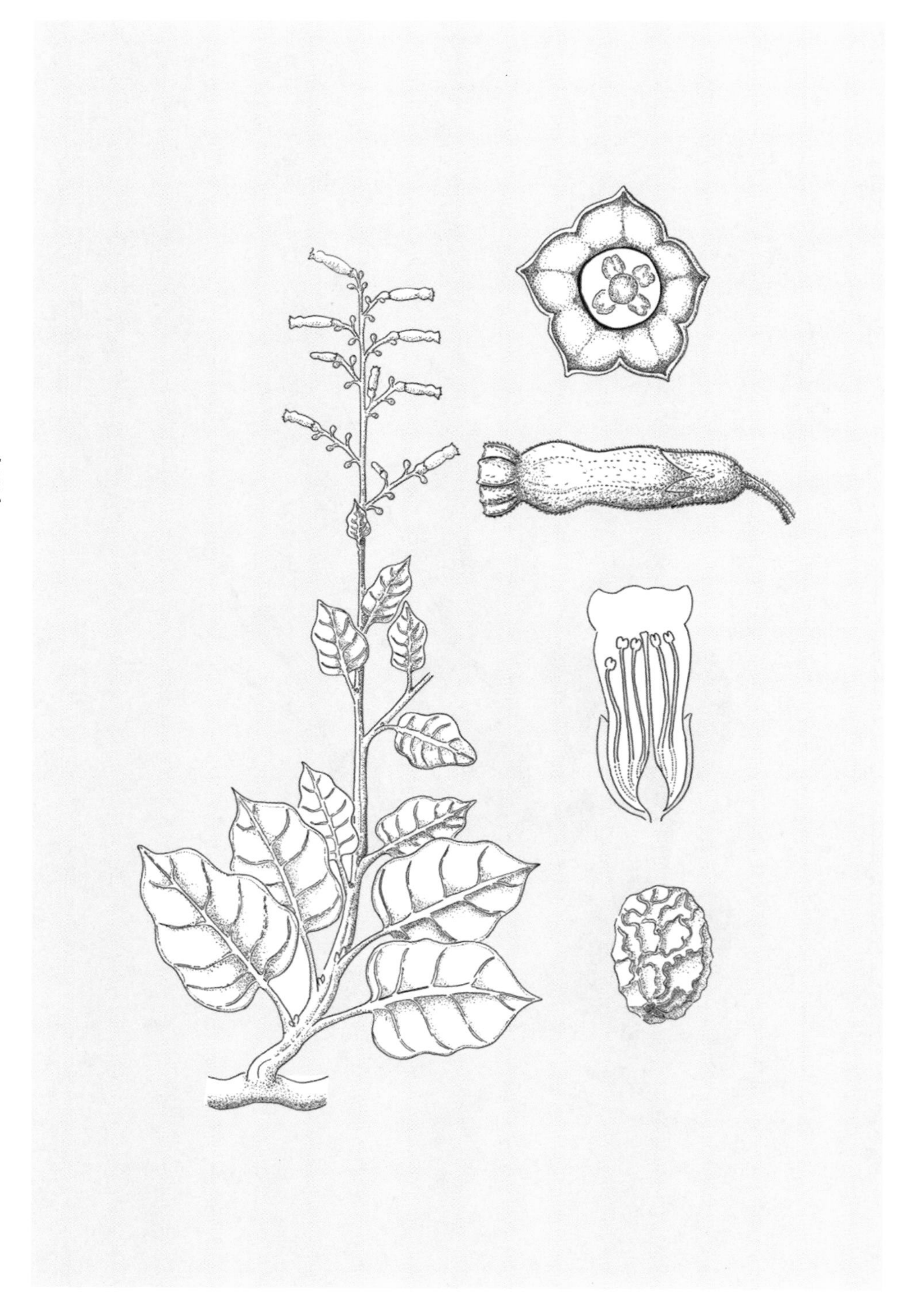

奈特氏烟草（*Nicotiana knightiana*）〔139〕

粉蓝烟草（Nicotiana glauca）[140]

赛特氏烟草（Nicotiana setchellii）[141]

拟似烟草（Nicotiana simulans）〔142〕

茄叶烟草（Nicotiana solanifolia）[143]

斯佩格茨烟草（Nicotiana spegazzinii）［144］

斯特若卡帕烟草（Nicotiana stenocarpa）［145］

斯托克通氏烟草（Nicotiana stocktonii）〔146〕

蓝烟草（Nicotiana thyrsiflora）〔147〕

绒毛烟草（Nicotiana tomentosa）[148]

绒毛状烟草（*Nicotiana tomentosiformis*）[149]

三角叶烟草（Nicotiana trigonophylla）［150］

阴生烟草（*Nicotiana umbratica*）【151】

阿姆布吉烟草（*Nicotiana azambujae*）[152]

颤毛烟草（Nicotiana velutina）[153]

法图伊文塞思烟草（Nicotiana fatuhivensis）[154]

莫若茨左卡帕烟草（*Nicotiana monoschizocarpa*）〔155〕

弗里吉达烟草（Nicotiana frigida）[156]

皮阿烟草（Nicotiana paa）[157]

瓦尔帕烟草（Nicotiana walpa）[158]

洋地咖烟草（*Nicotiana yandinga*）[159]

伍开烟草（Nicotiana wuttkei）[160]

霍斯金吉烟草（Nicotiana hoskingii）[161]

伊塞克奇达烟草（Nicotiana insecticida）［162］

卡里基尼烟草（Nicotiana karijini）［163］

特大管烟草（Nicotiana megalosiphon）[164]

默奇索尼卡烟草（Nicotiana murchisonica）[165]

诺塔烟草（Nicotiana notha）[166]

波利尼亚纳烟草（Nicotiana paulineana）[167]

皮拉烟草（Nicotiana pila）〔168〕

楚喀特烟草（*Nicotiana truncata*）[169]

塞瑟利弗利亚烟草（Nicotiana sessilifolia）[170]

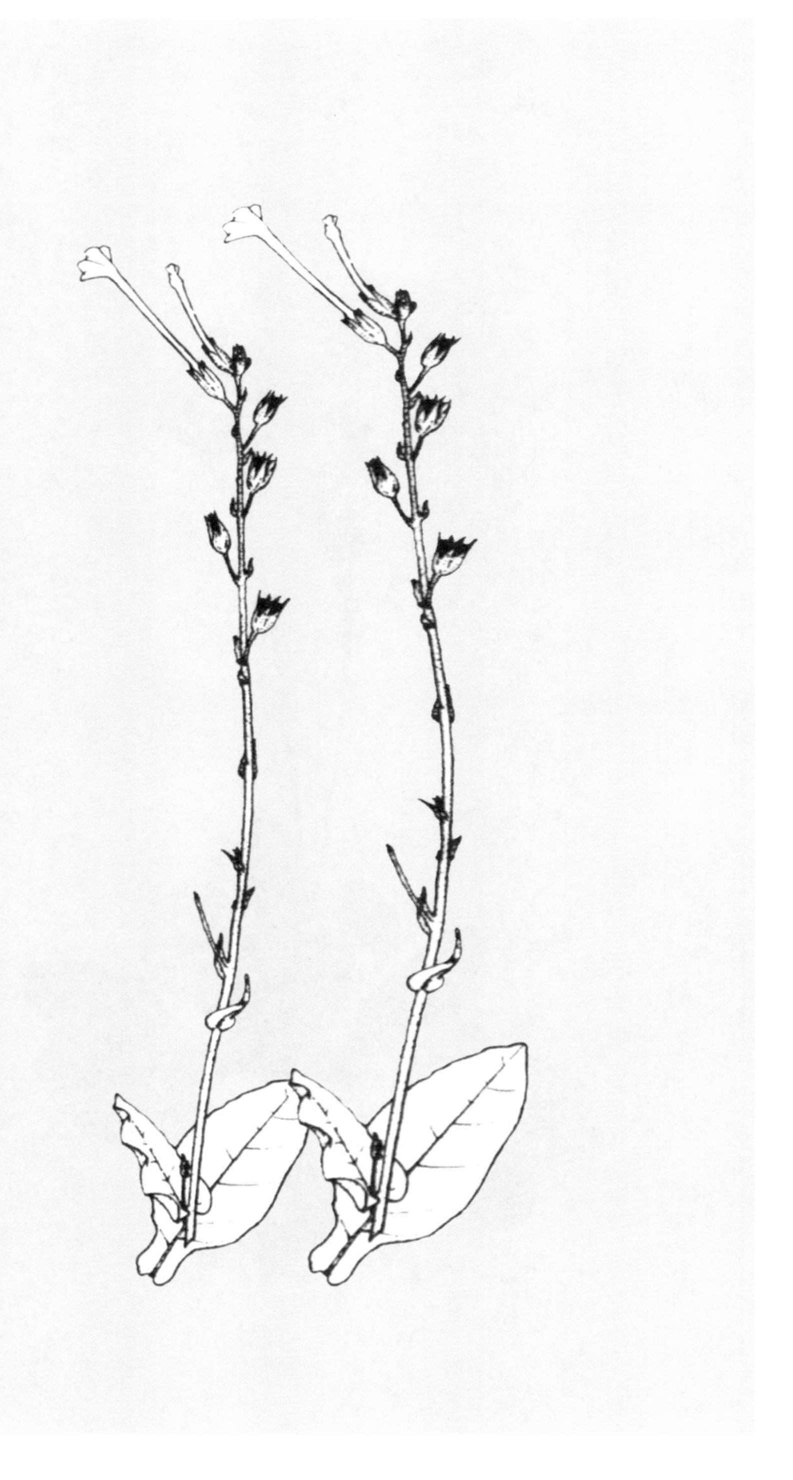

拉哥亚那烟草（Nicotiana leguiana）[171]

卡瓦卡米氏烟草（Nicotiana kawakamii）[172]

菲尼斯烟草（Nicotiana affinis）[173]

萨利纳烟草（Nicotiana salina）[174]

第三章

野生烟草分类变迁及相关文献注释

现代分子生物学理论对古典分类学理论的影响是划时代的。本章展示了四个阶段的野生烟草分类，以供历时性地检索四个时期的分类理论与野生烟草的组属分布；收集并整理了野生烟草“一名多译”异名文档，以供检索比对重要文献和国内权威网站中的烟草中译异名；提供野生烟草种质名称与命名人及中译名、别名、俗名索引，以方便检索；文末附有本书相关注释，以供参考。

Chapter Three

66种野生烟草名录及分组表（1979年）

亚属	组	种	定名人	体细胞染色体数（2n）
Rustica 黄花烟	Paniculatae 圆锥烟草组	N.glauca 粉蓝烟草	Graham	24
		N.paniculata 圆锥烟草	Linnaeus	24
		N.knightiana 奈特氏烟草	Goodspeed	24
		N.solanifolia 茄叶烟草	Walpers	24
		N.benavidesii 贝纳米特氏烟草	Goodspeed	24
		N.cordifolia 心叶烟草	Philippi	24
		N.raimondii 雷蒙德氏烟草	Macbride	24
	Thyrsiflorae 蓝烟草组	N.thyrsiflora 蓝烟草	Bitter ex Goodspeed	24
	Rusticae 黄花烟草组	N.rustica 黄花烟草	Linnaeus	48
Tabacum 普通烟	Tomentosae 绒毛烟草组	N.tomentosa 绒毛烟草	Ruiz & Pavon	24
		N.tomentosiformis 绒毛状烟草	Goodspeed	24
		N.otophora 耳状烟草	Grisebach	24
		N.setchellii 赛特氏烟草	Goodspeed	24
		N.glutinosa 黏烟草	Linnaeus	24
		N.kawakamii 卡瓦卡米烟草	Y. Ohashi	24
	Genuinae 普通烟草组	N.tabacum 普通烟草	Linnaeus	48
Petunioides 碧冬烟（矮牵牛烟）	Undulatae 波叶烟草组	N.undulata 波叶烟草	Ruiz & Pavon	24
		N.arentsii 阿伦特氏烟草	Goodspeed	48
		N. wigandioides 芹叶烟草	Koch & Fintelman	24
	Trigonophyllae 三角叶烟草组	N.trigonophylla 三角叶烟草	Donal	24
	Alatae 花烟草组	N.sylvestris 林烟草	Spegazzini & Comes	24
		N.langsdorffii 蓝格斯多夫烟草	Weinmann	18
		N.alata 花烟草	Link & Otto	18
		N.forgetiana 福尔吉特氏烟草	Hort ex Hemsley	18
		N.bonariensis 博内里烟草	Lehmann	18
		N.longiflora 长花烟草	Cavanilles	20
		N.plumbaginifolia 蓝茉莉叶烟草	Viviani	20
	Repandae 浅波烟草组	N.repanda 浅波烟草	Willdenow ex Lehmann	48
		N.stocktonii 斯托克通氏烟草	Brandegee	48
		N.nesophila 内索菲拉烟草	Johnston	48
	Noctiflorae 夜花烟草组	N.noctiflora 夜花烟草	Hooker	24
		N.petunioides 碧冬烟草	（Grisebách）Millan	24
		N.acaulis 丛生烟草	Spegazzini	24

续表

亚属	组	种	定名人	体细胞染色体数（2n）
Petunioides 碧冬烟（矮牵牛烟）	Acuminatae 渐尖叶烟草组	N.ameghinoi 阿米基诺氏烟草	Spegazzini	24
		N.acuminata 渐尖叶烟草	（Graham）Hooker	24
		N.pauciflora 少花烟草	Rémy	24
		N.attenuata 渐狭叶烟草	Torry ex Watson	24
		N.longibracteata 长苞烟草	Philippi	24
		N.miersii 摩西氏烟草	Rémy	24
		N.corvmbosa 伞状烟草	Rémy	24
		N.linearis 狭叶烟草	Philippi	24
		N.spegazzinii 斯佩格茨烟草	Millán	24
	Bigelovianae 毕基劳氏烟草组	N.bigelovii 毕基劳氏烟草	（Torry）Watson	48
		N.clevelandii 克利夫兰氏烟草	Gray	48
	Nudicaules 裸茎烟草组	N.nudicaulis 裸茎烟草	Watson	48
		N.benthamiana 本塞姆氏烟草	Domin	38
	Suaveolentes 香甜烟草组	N.umbratica 阴生烟草	Burbidge	46
		N.cavicola 洞生烟草	Burbidge	46
		N.debneyi 迪勃纳氏烟草	Domin	48
		N.gossei 哥西氏烟草	Domin	36
		N.amplexicaulis 抱茎烟草	Burbidge	36
		N.maritima 海滨烟草	Wheeler	32
		N.velutina 颤毛烟草	Wheeler	32
		N.hesperis 西烟草	Burbidge	42
		N.occidentalis 西方烟草	Wheeler	42
		N.megalosiphon 特大管烟草	Heurck & Müeller	40
		N.simulans 拟似烟草	Burbidge	40
		N.rotundifolia 圆叶烟草	Lindley	44
		N.excelsior 高烟草	J. M. Black	38
		N.suaveolens 香甜烟草	Lehmann	32
		N.ingulba 因古儿巴烟草	J. M. Black	40
		N.exigua 稀少烟草	Wheeler	32
		N.goodspeedii 古特斯皮德氏烟草	Wheeler	40
		N.rosulata 莲座叶烟草	（S. Moore）Domin	40
		N.fragrans 香烟草	Hooker	48
		N.africana 非洲烟草	Merxmuller	46

据【Smith. 1979】整理

76 种野生烟草名录及分组表 （2004 年）

组	种　定名人　中译名	体细胞染色体数（n）
N.sect.Nicotiana 普通烟草组	N.tabacum L 普通烟草	24
N.sect.Alatae 花烟草组	N.alata Link &Otto 花烟草	9
	N.bonariensis Lehm 博内里烟草	9
	N.forgetiana Hemsl 福尔吉特氏烟草	9
	N.langsdorffii Weinm 蓝格斯多夫烟草	9
	N.longiflora Cav 长花烟草	10
	N.plumbaginifolia Viv 蓝茉莉叶烟草	10
	N.mutabilis Stehmann &Samir 姆特毕理斯烟草	9
	N.azambujae L.B .Smith &Downs 阿姆布吉烟草	未知
N.sect.Noctiflorae 夜花烟草组	N.acaulis Speg 丛生烟草	12
	N.glauca Graham 粉蓝烟草	12
	N.noctiflora Hook 夜花烟草	12
	N. petunioides（Griseb.）Millán 碧冬烟草	12
	N.paa Mart .Crov 皮阿烟草	12
	N.ameghinoi Speg 阿米基诺氏烟草	12
N.sect.Paniculatae 圆锥烟草组	N.benavidesii Goodsp 贝纳未特氏烟草	12
	N.cordifolia Phil 心叶烟草	12
	N.knightiana Goodsp 奈特氏烟草	12
	N.paniculata L 圆锥烟草	12
	N.raimondii J.F.Macbr 雷蒙德氏烟草	12
	N.solanifolia Walp 茄叶烟草	12
	N.cutleri D' Arcy 卡特勒烟草	未知
N.sect.Petunioides 碧冬烟草组	N.acuminata（Graham）Hook 渐尖叶烟草	12
	N.attenuata Torrey ex S .Watson 渐狭叶烟草	12
	N.corymbosa J. Rémy 伞状烟草	12
	N.linearis Phil 狭叶烟草	12
	N.miersii J.Rémy 摩西氏烟草	12
	N.pauciflora J.Rémy 少花烟草	12
	N.spegazzinii Millán 斯佩格茨烟草	12
	N.longibracteata Phil 长苞烟草	12
N.sect.Polydicliae 多室烟草组	N.clevelandii A.Gray 克利夫兰氏烟草	24
	N.quadrivalvis Pursh 夸德瑞伍氏烟草	24

续表

组	种　定名人　中译名	体细胞染色体数（n）
N.sect.Repandae 浅波烟草组	N.nesophila I.M.Johnst 内索菲拉烟草	24
	N.nudicaulis S .Watson 裸茎烟草	24
	N.repanda Willd 浅波烟草	24
	N.stocktonii Brandegee 斯托克通氏烟草	24
N.sect.Rusticae 黄花烟草组	N.rustica L 黄花烟草	24
N.sect.Suaveolentes 香甜烟草组	N.africana Merxm 非洲烟草	23
	N.amplexicaulis N.T.Burb 抱茎烟草	18
	N.benthamiana Domin 本塞姆氏烟草	19
	N.burbidgeae Symon 巴比德烟草	21
	N.cavicola N.T.Burb 洞生烟草	23；20
	N.debneyi Domin 迪勃纳氏烟草	24
	N.excelsior J .M .Black 高烟草	19
	N.exigua H.-M.Wheeler 稀少烟草	未知
	N.fragrans Hooker 香烟草	24
	N.goodspeedii H .-M .Wheeler 古特斯皮德氏烟草	16
	N.gossei Domin 哥西氏烟草	18
	N.hesperis N.T.Burb 西烟草	21
	N.heterantha Kenneally &Symon 赫特阮斯烟草	未知
	N.ingulba J.M.Black 因古儿巴烟草	20
	N.maritima H.-M.Wheeler 海滨烟草	16
	N.megalosiphon Van Huerck & Müll.-Arg 特大管烟草	20
	N.occidentalis H.-M.Wheeler 西方烟草	21
	N.rosulata（S.Moore）Domin 莲座叶烟草	20
	N.rotundifolia Lindl 圆叶烟草	22
N.sect.Suaveolentes 香甜烟草组	N.simulans N .T.Burb 拟似烟草	20
	N.stenocarpa H.-M.Wheeler 斯特若卡帕烟草	20
	N.suaveolens Lehm 香甜烟草	15
	N.truncata D.E .Symon 楚喀特烟草	未知
	N.umbratica N .T.Burb 阴生烟草	23
	N.velutina H.-M.Wheeler 颤毛烟草	16
	N.wuttkei Clarkson &Symon 伍开烟草	16
N .sect.Sylvestres 林烟草组	N.sylvestris Speg 林烟草	12
N .sect.Tomentosae 绒毛烟草组	N.kawakamii Y.Ohashi 卡瓦卡米氏烟草	12
	N.otophora Griseb 耳状烟草	12
	N.setchellii Goodsp 赛特氏烟草	12
	N.tomentosa Ruiz &Pav 绒毛烟草	12
	N.tomentosiformis Goodsp 绒毛状烟草	12
N .sect.Trigonophyllae 三角叶烟草组	N.obtusifolia M .Martens &Galeottii 欧布特斯烟草	12
	N.palmeri A.Gray 帕欧姆烟草	12
N .sect.Undulatae 波叶烟草组	N.arentsii Goodsp 阿伦特氏烟草	24
	N.glutinosa L 黏烟草	12
	N.thyrsiflora Bitter ex Goodsp 蓝烟草	12
	N.undulata Ruiz &Pav 波叶烟草	12
	N.wigandioides Koch &Fintelm 芹叶烟草	12

据【Knapp S，2004】整理

82 种野生烟草名录及分组表（2020 年）

种及定名人	组及定名人	体细胞染色体数（n）	分布	文献索引（见文献与注释）
Nicotiana azambujae L.B.Sm. and Downs 阿姆布吉烟草	Alatae Goodsp 花烟草组	未知	巴西	Smith and Downs（1964）
Nicotiana alata Link and Otto 花烟草		9	阿根廷、巴西、巴拉圭、乌拉圭	Cocucci（2013）
Nicotiana bonariensis Lehm 博内里烟草		9	阿根廷、巴西、乌拉圭	Cocucci（2013）
Nicotiana forgetiana Hemsl 福尔吉特氏烟草		9	巴西	Cocucci（2013）
Nicotiana langsdorffii Weinm 蓝格斯多夫烟草		9	阿根廷、巴西、巴拉圭	Cocucci（2013）
Nicotiana longiflora Cav 长花烟草		10	阿根廷、玻利维亚、巴西、巴拉圭、乌拉圭	Cocucci（2013）
Nicotiana mutabilis Stehmann and Samir 姆特毕理斯烟草		9	巴西	Stehmann et al.（2002）
Nicotiana plumbaginifolia Viv 蓝茉莉叶烟草		10	阿根廷、玻利维亚、巴拉圭（墨西哥、加勒比海、印度等地方视其为杂草）	Knapp（in press）
Nicotiana tabacum L 普通烟草	Nicotiana 普通烟草组	24	全球（栽培）	Knapp（in press）
Nicotiana acaulis Speg 丛生烟草	Noctiflorae Goodsp 夜花烟草组	12	阿根廷	Cocucci（2013）
Nicotiana ameghinoi Speg 阿米基诺氏烟草		12	阿根廷	Cocucci（2013）
Nicotiana glauca Graham 粉蓝烟草		12	阿根廷、玻利维亚（全球作为入侵杂草）	Cocucci（2013）
Nicotiana noctiflora Hook 夜花烟草		12	阿根廷	Cocucci（2013）
Nicotiana paa Mart.Crov 皮阿烟草		未知	阿根廷、智利	Cocucci（2013）（可能 n =12）
Nicotiana petunioides（Griseb.）Millán 碧冬烟草		12	阿根廷、智利	Cocucci（2013）

续表

种及定名人	组及定名人	体细胞染色体数（n）	分布	文献索引（见文献与注释）
Nicotiana benavidesii Goodsp 贝纳未特氏烟草	Paniculatae Goodsp 圆锥烟草	12	秘鲁	Goodspeed（1954）
Nicotiana cordifolia Phil 心叶烟草		12	智利	Goodspeed（1954）
Nicotiana cutleri D'Arcy 卡特勒烟草		未知	玻利维亚	D'Arcy（1977）（可能 n＝12）
Nicotiana knightiana Goodsp 奈特氏烟草		12	秘鲁	Goodspeed（1954）
Nicotiana paniculata L 圆锥烟草		12	秘鲁	Goodspeed（1954）
Nicotiana raimondii J.F. Macbr 雷蒙德氏烟草		12	秘鲁	Goodspeed（1954）
Nicotiana solanifolia Walp 茄叶烟草		12	智利（胡安·费尔南德斯岛屿）	Goodspeed（1954）
Nicotiana acuminata （Graham） Hook 渐尖叶烟草	Petunioides G.Don 碧冬烟草组	12	阿根廷、智利	Cocucci（2013）
Nicotiana attenuata S. Wats 渐狭叶烟草		12	美国	Knapp（in press）
Nicotiana corymbosa J. Rémy 伞状烟草		12	阿根廷、智利	Cocucci（2013）
Nicotiana linearis Phil 狭叶烟草		12	阿根廷、智利	Cocucci（2013）
Nicotiana longibracteata Phil 长苞烟草		12	阿根廷、智利	Cocucci（2013）
Nicotiana miersii J. Rémy 摩西氏烟草		12	阿根廷	Cocucci（2013）
Nicotiana pauciflora J. Rémy 少花烟草		12	智利	Goodspeed（1954）
Nicotiana spegazzinii Millán 斯佩格茨烟草		12	阿根廷	Cocucci（2013）
Nicotiana clevelandii A. Gray 克利夫兰氏烟草	Polydicliae G.Don 多室烟草组	24	美国，墨西哥	Knapp（in press）
Nicotiana quadrivalvis Pursh 夸德瑞伍氏烟草		24	加拿大、美国、墨西哥（栽培）	Knapp（in press）
Nicotiana nesophila I.M. Johnst 内索菲拉烟草	Repandae Goodsp 浅波烟草组	24	墨西哥（雷维利亚希赫多 Revillagigedo 群岛）	Goodspeed（1954）
Nicotiana nudicaulis S. Wats 裸茎烟草		24	墨西哥	Goodspeed（1954）
Nicotiana repanda Willd 浅波烟草		24	墨西哥、古巴	Goodspeed（1954）
Nicotiana stocktonii Brandegee 斯托克通氏烟草		24	墨西哥（雷维利亚希赫多 Revillagigedo 群岛）	Goodspeed（1954）
Nicotiana rustica L 黄花烟草	Rusticae G.Don 黄花烟草组	24	全球（栽培）	Knapp（in press）

种及定名人	组及定名人	体细胞染色体数（n）	分布	文献索引（见文献与注释）
Nicotiana africana Merxm 非洲烟草	Suaveolentes Goodsp 香甜烟草组	23	纳米比亚	Merxmüller and Butler（1975）
Nicotiana amplexicaulis N.T. Burb 抱茎烟草		18	澳大利亚	Purdie et al.（1982）
Nicotiana benthamiana Domin 本塞姆氏烟草		19	澳大利亚	Chase and Christenhusz（2018f）
Nicotiana burbidgeae Symon 巴比德烟草		21	澳大利亚	Chase et al.（2018d）
Nicotiana cavicola N.T. Burb 洞生烟草		23；20	澳大利亚	Burbidge(1960)；Williams（1975）；Purdie et al.（1982）
Nicotiana excelsior J.M. Black 高烟草		19	澳大利亚	Chase and Christenhusz（2018c）
Nicotiana exigua H.-M. Wheeler 稀少烟草		未知	澳大利亚	Purdie et al.（1982）
Nicotiana fatuhivensis F. Br 法图伊文塞思烟草		未知	马克萨斯群岛	Wagner and Lorence（2002），（推测 n = 24，见 Marks et al. 2011）
Nicotiana faucicola M.W. Chase and Christenh 福斯克拉烟草		未知	澳大利亚、新喀里多尼亚	Chase et al.（2018c）
Nicotiana forsteri Roem. and Schult 福斯特里烟草		24	澳大利亚	Purdie et al.（1982）
Nicotiana fragrans Hook 香烟草		24	新喀里多尼亚、汤加塔布	Goodspeed（1954）
Nicotiana gascoynica M.W. Chase and Christenh 加斯科伊尼察烟草		20	澳大利亚	Chase and Christenhusz（2018b）
Nicotiana goodspeedii H.-M. Wheeler 古特斯皮德氏烟草		16	澳大利亚	Purdie et al.（1982）
Nicotiana gossei Domin 哥西氏烟草		18	澳大利亚	Chase and Christenhusz（2018d）
Nicotiana hesperis N.T. Burb 西烟草		21	澳大利亚	Purdie et al.（1982）；Chase et al.（2018a）
Nicotiana heterantha Kenneally and Symon 赫特阮斯烟草		未知	澳大利亚	Kenneally and Symon（1994）
Nicotiana ingulba J.M. Black 因古儿巴烟草		20	澳大利亚	Purdie et al.（1982）有时视其为 N. rosulata 的亚种
Nicotiana karijini M.W. Chase and Christenh 卡里基尼烟草		未知	澳大利亚	Chase and Christenhusz（2018e）
Nicotiana maritima H.-M. Wheeler 海滨烟草		16	澳大利亚	Chase et al.（2018e）
Nicotiana megalosiphon Van Huerck and Müll.-Arg 特大管烟草		20	澳大利亚	Purdie et al.（1982）
Nicotiana monoschizocarpa（P.Horton）Symon and Lepschi 莫若茨左卡帕烟草		24	澳大利亚	Symon and Lepschi（2007）
Nicotiana occidentalis H.-M. Wheeler 西方烟草		21	澳大利亚	Purdie et al.（1982）；Chase and Christenhusz（2018g）
Nicotiana rosulata（S.Moore）Domin 莲座叶烟草		20	澳大利亚	Purdie et al.（1982）

续表

种及定名人	组及定名人	体细胞染色体数（n）	分布	文献索引（见文献与注释）
Nicotiana rotundifolia Lindl 圆叶烟草	Suaveolentes Goodsp 香甜烟草组	22	澳大利亚	Purdie et al.（1982）
Nicotiana simulans N.T. Burb 拟似烟草		20	澳大利亚	Purdie et al.（1982）
Nicotiana stenocarpa H.-M. Wheeler 斯特若卡帕烟草		20	澳大利亚	Chase and Christenhusz（2018h）
Nicotiana truncata Symon 楚喀特烟草		未知	澳大利亚	Symon（1984）
Nicotiana suaveolens Lehm 香甜烟草		15	澳大利亚	Chase and Christenhusz（2018h）
Nicotiana umbratica N.T. Burb 阴生烟草		23	澳大利亚	Purdie et al.（1982）
Nicotiana velutina H.-M. Wheeler 颤毛烟草		16	澳大利亚	Purdie et al.（1982）
Nicotiana wuttkei Clarkson and Symon 伍开烟草		16	澳大利亚	Clarkson and Symon（1991）
Nicotiana yandinga M.W. Chase and Christenh 洋地咖烟草		21	澳大利亚	Chase et al.（2018b）
Nicotiana sylvestris Speg 林烟草	Sylvestres S.Knapp 林烟草组	12	阿根廷、玻利维亚	Cocucci（2013）
Nicotiana kawakamii Y. Ohashi 卡瓦卡米氏烟草	Tomentosae Goodsp 绒毛烟草组	12	玻利维亚	Ohashi（1985）
Nicotiana leguiana J.F. Macbr 拉哥亚那烟草		12	玻利维亚	Macbride（1930）（过去认为是N.tomentosa，见 Goodspeed 1954）
Nicotiana otophora Griseb 耳状烟草		12	阿根廷、玻利维亚	Cocucci（2013）
Nicotiana setchellii Goodsp 赛特氏烟草		12	秘鲁	Goodspeed（1954）
Nicotiana tomentosa Ruiz and Pav 绒毛烟草		12	玻利维亚、厄瓜多尔、秘鲁	Goodspeed（1954）
Nicotiana tomentosiformis Goodsp 绒毛状烟草		12	玻利维亚	Goodspeed（1954）
Nicotiana obtusifolia M. Martens and Galeottii 欧布特斯烟草	Trigonophyllae Goodsp 三角叶烟草组	12	墨西哥、美国	Knapp（in press）
Nicotiana arentsii Goodsp 阿伦特氏烟草	Undulatae Goodsp 波叶烟草组	24	玻利维亚	Goodspeed（1954）
Nicotiana glutinosa L 黏烟草		12	玻利维亚、厄瓜多尔、秘鲁	Goodspeed（1954）
Nicotiana thyrsiflora Goodsp 蓝烟草		12	秘鲁	Goodspeed（1954）
Nicotiana undulata Ruiz and Pav 波叶烟草		12	阿根廷、玻利维亚、秘鲁	Goodspeed（1954）
Nicotiana wigandioides Koch and Fintelm 芹叶烟草		12	玻利维亚	Goodspeed（1954）

据[Knapp S，2020]整理

89 种野生烟草名录（2022 年）

野生烟草种　定名人　中译名

- Nicotiana acaulis Speg 丛生烟草
- Nicotiana acuminata (Graham) Hook 渐尖叶烟草
- Nicotiana africana Merxm 非洲烟草
- Nicotiana alata Link & Otto 花烟草
- Nicotiana ameghinoi Speg 阿米基诺氏烟草
- Nicotiana amplexicaulis N.T.Burb 抱茎烟草
- Nicotiana arentsii Goodsp 阿伦特氏烟草
- Nicotiana attenuata Torr. ex S.Watson 渐狭叶烟草
- Nicotiana azambujae L.B.Sm. & Downs 阿姆布吉烟草
- Nicotiana benavidesii Goodsp 贝纳未特氏烟草
- Nicotiana benthamiana Domin 本塞姆氏烟草
- Nicotiana bonariensis Lehm 博内里烟草
- Nicotiana burbidgeae Symon 巴比德烟草
- Nicotiana cavicola N.T.Burb 洞生烟草
- Nicotiana clevelandii A.Gray 克利夫兰氏烟草
- Nicotiana cordifolia Phil 心叶烟草
- Nicotiana corymbosa J.Rémy 伞状烟草
- Nicotiana cutleri D'Arcy 卡特勒烟草
- Nicotiana excelsior J.M.Black 高烟草
- Nicotiana exigua H.-M.Wheeler 稀少烟草
- Nicotiana fatuhivensis F.Br 法图伊文塞思烟草
- Nicotiana faucicola Conran & M.W.Chase 福斯克拉烟草
- Nicotiana forgetiana Sander ex W.Watson 福尔吉特氏烟草
- Nicotiana forsteri Roem. & Schult 福斯特里烟草
- Nicotiana fragrans Hook 香烟草
- Nicotiana frigida Phil 弗里吉达烟草
- Nicotiana gascoynica M.W.Chase & Christenh 加斯科伊尼察烟草
- Nicotiana glauca Graham 粉蓝烟草
- Nicotiana glutinosa L 黏烟草
- Nicotiana goodspeedii H.-M.Wheeler 古特斯皮德氏烟草
- Nicotiana gossei Domin 哥西氏烟草
- Nicotiana hesperis N.T.Burb 西烟草
- Nicotiana heterantha Symon & Kenneally 赫特阮斯烟草
- Nicotiana hoskingii M.W.Chase，Palsson & Christenh 霍斯金吉烟草
- Nicotiana ingulba J.M.Black 因古儿巴烟草
- Nicotiana insecticida M.W.Chase & Christenh 伊塞克奇达烟草
- Nicotiana karijini M.W.Chase & Christenh 卡里基尼烟草
- Nicotiana kawakamii Y.Ohashi 卡瓦卡米氏烟草
- Nicotiana knightiana Goodsp 奈特氏烟草

续表

野生烟草种 定名人 中译名

- Nicotiana langsdorffii Weinm 蓝格斯多夫烟草
- Nicotiana linearis Phil 狭叶烟草
- Nicotiana longiflora Cav 长花烟草
- Nicotiana maritima H.-M.Wheeler 海滨烟草
- Nicotiana megalosiphon Van Heurck & Müll.Arg 特大管烟草
- Nicotiana miersii J.Rémy 摩西氏烟草
- Nicotiana monoschizocarpa (P.Horton) Symon & Lepschi 莫若茨左卡帕烟草
- Nicotiana murchisonica M.W.Chase & Christenh 默奇索尼卡烟草
- Nicotiana mutabilis Stehmann & Semir 姆特毕理斯烟草
- Nicotiana noctiflora Hook 夜花烟草
- Nicotiana notha M.W.Chase & Christenh 诺塔烟草
- Nicotiana nudicaulis S.Watson 裸茎烟草
- Nicotiana obtusifolia M.Martens & Galeotti 欧布特斯烟草
- Nicotiana occidentalis H.-M.Wheeler 西方烟草
- Nicotiana otophora Griseb 耳状烟草
- Nicotiana paa Mart.Crov 皮阿烟草
- Nicotiana paniculata L 圆锥烟草
- Nicotiana pauciflora J.Rémy 少花烟草
- Nicotiana paulineana Newbigin & P.M.Waterh 波利尼亚纳烟草
- Nicotiana petunioides (Griseb.) Millán 碧冬烟草
- Nicotiana pila M.W.Chase & Christenh 皮拉烟草
- Nicotiana plumbaginifolia Viv 蓝茉莉叶烟草
- Nicotiana quadrivalvis Pursh 夸德瑞伍氏烟草
- Nicotiana raimondii J.F.Macbr 雷蒙德氏烟草
- Nicotiana repanda Willd. ex Lehm 浅波烟草
- Nicotiana rosulata (S.Moore) Domin 莲座叶烟草
- Nicotiana rotundifolia Lindl 圆叶烟草
- Nicotiana rustica L 黄花烟草
- Nicotiana salina M.W.Chase，M.F.Fay & Christenh 萨利纳烟草
- Nicotiana sessilifolia (P.Horton) M.W.Chase & Christenh 塞瑟利弗利亚烟草
- Nicotiana setchellii Goodsp 赛特氏烟草
- Nicotiana simulans N.T.Burb 拟似烟草
- Nicotiana solanifolia Walp 茄叶烟草
- Nicotiana spegazzinii Millán 斯佩格茨烟草
- Nicotiana stenocarpa H.-M.Wheeler 斯特若卡帕烟草
- Nicotiana stocktonii Brandegee 斯托克通氏烟草
- Nicotiana suaveolens Lehm 香甜烟草
- Nicotiana sylvestris Speg 林烟草
- Nicotiana tabacum L 普通烟草
- Nicotiana thyrsiflora Goodsp 蓝烟草
- Nicotiana tomentosa Ruiz & Pav 绒毛烟草
- Nicotiana tomentosiformis Goodsp 绒毛状烟草
- Nicotiana truncata Symon 楚喀特烟草
- Nicotiana umbratica N.T.Burb 阴生烟草
- Nicotiana undulata Ruiz & Pav 波叶烟草
- Nicotiana velutina H.-M.Wheeler 颤毛烟草
- Nicotiana walpa M.W.Chase，Dodsworth & Christenh 瓦尔帕烟草
- Nicotiana wigandioides K.Koch & Fintelm 芹叶烟草
- Nicotiana wuttkei J.R.Clarkson & Symon 伍开烟草
- Nicotiana yandinga M.W.Chase & Christenh 洋地咖烟草

据 https://powo.science.kew.org/taxon 整理

纳普烟属分类系统 13 组特性表

1. 花烟草组（Nicotiana sect .Alatae Goodsp） 草本植物；丛枝花，叶无柄，带有多种性状的绒毛，茎上部少叶、形成的抱茎明显小于基部花结；花冠两侧对称，呈绿色、白色或粉红到红色高脚杯状，花粉管在喉部有明显的膨大，裂片尖锐或钝圆；傍晚开花、白天枯萎，白天偶尔开花。
2. 普通烟草组（Nicotiana sect .Nicotiana） 茎粗大的草本或只有主茎的灌木；叶大、无柄或有宽大的翼状柄，有黏性的绒毛；花冠近规则，呈粉红色或白色到红色高脚杯状；花粉管膨大，裂片尖锐；白天开花。
3. 夜花烟草组（Nicotiana sect .Noctiflorae Goodsp） 一年生或多年生草本植物或小灌木；叶无柄或有柄，绒毛纤细具黏性的都有、通常带有白色的管状组织，边缘呈侵蚀状或卷曲；花冠规则，呈红色、黄色或白色管形到高脚杯状；花粉管平直或顶端膨大，裂片通常呈圆形；白天或傍晚开花。
4. 圆锥烟草组 （Nicotiana sect .Paniculatae Goodsp） 粗壮的草本植物或小树；叶有柄，通常带有短的绒毛；花冠呈管状，绿色或黄色；花粉管平直，裂片小、圆形；白天开花。
5. 碧冬烟草组 （Nicotiana sect .Petunioides G .Don） 一年生草本植物；叶有柄或在茎顶部带有翼叶柄，有黏性的绒毛；花冠规则或两侧对称，呈白色高脚杯状；花粉管外表皮呈绿或紫色，裂片尖锐；傍晚开花，白天花萎不明显。
6. 多室烟草组 （Nicotiana sect .Polydicliae G.Don）原毕基劳氏烟草组 （N .sect .bigelovianae Goodsp） 一年生草本植物；叶短，有柄，茎上生的叶无柄，绒毛稀疏，通常稍带黏性；花冠规则，呈白色高脚杯状；花粉管平直，裂片尖锐；傍晚开花。
7. 浅波烟草组（ Nicotiana sect .Repandae Goodsp）原裸茎烟草组（N .sect .Nudicaules Goodsp.） 草本植物；叶片长、有柄或在花结上有翼状柄，带有纤细的绒毛，上部的茎生叶短小，有柄或呈提琴状、抱茎；花冠规则或稍有对称，呈白色高脚杯状管状； 花粉管有时非常细，裂片尖锐或圆形；花在白天或傍晚开放。
8. 黄花烟草组（Nicotiana seet. Rusticae G.Don） 粗壮的草本植物；叶有柄 ，绒毛浓密 ，呈黏性 ；花冠规则或稍有对称 ，呈绿色或黄色管状；花粉管平直、短小，裂片尖锐；白天开花。
9. 香甜烟草（Nicotiana sect .Suaveolentes Goodsp） 草本植物；偶尔基部没有明显的花结；叶片无柄或带有翼状柄，黏性绒毛；花冠稍有对称或规则，呈白色高脚杯状；花粉管平直或顶部膨大，裂片圆形；傍晚开花或不开花、闭花受精。
10. 林烟草组组（Nicotiana sect .Sylvestres S.Knapp） 巨大的草本或小灌木；叶片宽大，植株未成熟时，在基部形成花结，叶片无柄，有翼状柄或耳状柄，有黏性的绒毛；花冠规则，呈白色高脚杯状；花粉管非常长，上半部分呈一端膨大的纺锤形，裂片尖锐；傍晚开花。
11. 绒毛烟草组（Nicotiana sect .Tomentosae Goodsp） 粗壮的软乔本灌木或小树；叶片宽大，有翼状叶柄，柔毛浓密，带有黏性；花冠对称，呈红色到粉红色、暗白色钟形－高脚杯状；花粉管弯曲，裂片尖锐、稍呈圆形；白天开花或不完全的夜间开花、黎明也不枯萎。
12. 三角叶烟草组（Nicotiana sect .Trigonophyllae Goodsp） 一年生或不完全多年生草本植物；叶片无柄，匙形，带有黏性绒毛，上部的茎生叶片抱茎；花冠规则，呈绿、白色管形高脚杯状；白天开花。
13. 波叶烟草组（Nicotiana sect .Undulatae Goodsp）. 原蓝烟草组（ Nicotiana sect .Thyrsiflorae Goodsp） 草本植物、乔本灌木或小树均有；叶片大多数无柄到有柄，具有绒毛，通常带黏性；花冠对称或近规则，呈黄色到粉红色或白色高脚杯状；花粉管平直或弯曲，裂片尖锐；白天开花。

据 [KnappS.2004:knappS,2020] 整理

野生烟草中译异名对照表

野生烟草外文名	本书采纳中译名	2009 版中译名	2010 版中译名	2014 版中译名	中科院植物所网站
N.acaulis	丛生烟草	丛生烟草	无茎烟草	（未收录）	（无中译名）
N.acuminata	渐尖叶烟草	渐尖叶烟草	渐尖叶烟草	（未收录）	尖叶烟草
N.alata	花烟草	花烟草	具翼烟草	具翼烟草 / 花烟草 / 红花观赏烟草	花烟草
N.benavidesii	贝纳未特氏烟草	贝纳米特氏烟草	贝纳未特氏烟草	贝纳未特氏烟草	贝氏烟草
N.benthamiana	本塞姆氏烟草	（未收录）	本塞姆氏烟草	本氏烟草	本氏烟草
N.bonariensis	博内里烟草	博内里烟草	博内里烟草	博内里烟草	博纳烟草
N.clevelandii	克利夫兰氏烟草	克利夫兰氏烟草	克利夫兰氏烟草	克利夫兰氏烟草	克氏烟草
N.corymbosa	伞状烟草	伞状烟草	伞床烟草	（未收录）	伞状烟草
N.debneyi	迪勃纳氏烟草	迪勃纳氏烟草	迪勃纳氏烟草	迪勃纳氏烟草	底比拟烟草
N.forgetiana	福尔吉特氏烟草	福尔吉特氏烟草	福尔吉特氏烟草	福尔吉特氏烟草	福氏烟草
N.glauca	粉蓝烟草	粉蓝烟草	粉蓝烟草	粉蓝烟草	光烟草
N.glutinosa	黏烟草	黏烟草	粘烟草	粘烟草	黏毛烟草
N.gossei	哥西氏烟草	哥西氏烟草	哥西氏烟草	哥西氏烟草	戈斯烟草
N.goodspeedii	古特斯皮德氏烟草	古特斯皮德氏烟草	古特斯比氏烟草	古特斯皮得氏烟草	古氏烟草
N.kawakamii	卡瓦卡米氏烟草	川上烟草	卡瓦卡米氏烟草	卡瓦卡米氏烟草	（未收录）
N.knightiana	奈特氏烟草	奈特氏烟草	奈特氏烟草	奈特氏烟草	奈特烟草
N.langsdorffii	蓝格斯多夫烟草	蓝格斯多夫烟草	蓝格斯多夫烟草	（未收录）	兰斯烟草
N.linearis	狭叶烟草	狭叶烟草	狭叶烟草	（未收录）	线叶烟草
N.megalosiphon	特大管烟草	拟似烟草（中英错配）	特大管烟草	（未收录）	拟似烟草（中英错配）

续表

野生烟草外文名	本书采纳中译名	2009 版中译名	2010 版中译名	2014 版中译名	中科院植物所网站
N.nesophila	内索菲拉烟草	内索菲拉烟草	岛生烟草	岛生烟草	（未收录）
N.otophora	耳状烟草	耳状烟草	耳状烟草	耳状烟草	阴生烟草（中英错配）
N.paniculata	圆锥烟草	圆锥烟草	圆锥烟草	圆锥烟草	锥序烟草
N.petunioides	碧冬烟草	碧冬烟草	矮牵牛状烟草	（未收录）	碧冬茄状烟草
N.plumbaginifolia	蓝茉莉叶烟草	蓝茉莉叶烟草	蓝茉莉叶烟草	蓝茉莉叶烟草	皱叶烟草
N.quadrivalvis	夸德瑞伍氏烟草	（未收录）	夸德瑞伍氏烟草	（无中译名）	（无中译名）
N.repanda	浅波烟草	浅波烟草	残波烟草	残波烟草	白花烟草
N.rosulata	莲座叶烟草	莲座叶烟草	莲座叶烟草Ⅰ	莲座叶烟草	莲座叶烟草
N.simulans	拟似烟草	特大管烟草（中英错配）	拟似烟草	（未收录）	特大管烟草（中英错配）
N.spegazzinii	斯佩格茨烟草	斯佩格茨烟草	斯佩格茨烟草	（未收录）	斯佩格茨氏烟草
N.stenocarpa	斯特若卡帕烟草	（未收录）	莲座叶烟草Ⅱ	（未收录）	（无中译名）
N.stocktonii	斯托克通氏烟草	斯托克通氏烟草	斯托克通氏烟草	斯托克通式烟草	斯氏烟草
N.tabacum	普通烟草	普通烟草	普通烟草	普通烟草	烟草
N.thyrsiflora	蓝烟草	蓝烟草	拟穗状烟草	（未收录）	拟穗状烟草
N.tomentosiformis	绒毛状烟草	绒毛状烟草	绒毛状烟草	绒毛状烟草	拟绒毛烟草
N.trigonophylla	三角叶烟草	三角叶烟草	三角叶烟草	（未收录）	（未收录）
N.trigonophyllae	三角叶烟草组	沙漠烟草组	三角叶烟草组	（未收录）	（未收录）
N.umbratica	阴生烟草	阴生烟草	阴生烟草	（未收录）	（无中译名）

据以下文献与资源整理

（一）2009 版：收录 66 种野生烟草名称，21 种野生烟草见《烟草种质资源图鉴》[249]

（二）2010 版：收录 76 种野生烟草名称，见《烟属植物学分类研究新进展》[250]

（三）2014 版：收录 35 种野生烟草，见《中国烟草核心种质图谱》[251]

（四）中科院植物所网站：中国科学院植物研究所、系统与进化植物学国家重点实验室网站（见 http://www.iplant.cn/info/nicotiana）收录野生烟草名称 76 种，烟草中译名 55 条。其中出现的野生烟草中译异名，现一并列入上表，以供对照参考。

野生烟草种质名称、命名人及中译名（异名）索引

凡例：

1. 符号●◎：●国际组织已确认名；◎其他
2. 命名人：命名人加下划线
3. 中文译名及中文译异名：中文译名（异名或俗名）
4. 数字：本书野生烟草图索引页码

●Nicotiana acaulis Speg 丛生烟草（无茎烟草）162

●Nicotiana acuminata（Graham）Hook 渐尖叶烟草 96、97、101

◎Nicotiana acutiflora 尖花烟草 147

◎Nicotiana affinis 菲尼斯烟草 245

●Nicotiana africana Merxm 非洲烟草 163

●Nicotiana alata Link & Otto 花烟草（具翼烟草）164

●Nicotiana ameghinoi Speg 阿米基诺氏烟草 165

●Nicotiana amplexicaulis N.T.Burb 抱茎烟草 166

◎Nicotiana angustifolia 窄叶烟草 72、73

●Nicotiana arentsii Goodsp 阿伦特氏烟草 167

●Nicotiana attenuata Torr. ex S.Watson 渐狭叶烟草（Coyote tobacco 郊狼烟草）21、136、137

●Nicotiana azambujae L.B.Sm. & Downs 阿姆布吉烟草 224

◎Nicotiana axillaris Lam 矮牵牛花烟草 128、129

●Nicotiana benavidesii Goodsp 贝纳未特氏烟草（贝纳米特氏烟草）168

●Nicotiana benthamiana Domin 本塞姆氏烟草 169

◎Nicotiana bigelovii 毕基劳氏烟草 136、137

●Nicotiana bonariensis Lehm 博内里烟草 21、170

●Nicotiana burbidgeae Symon 巴比德烟草 44、45、171

●Nicotiana cavicola N.T.Burb 洞生烟草 172

●Nicotiana clevelandii A.Gray 克利夫兰氏烟草 21、173

●Nicotiana cordifolia Phil 心叶烟草 174

●Nicotiana corymbosa J.Rémy 伞状烟草（伞床烟草）175

◎Nicotiana crispa Cav 皱叶烟草 82、83

●Nicotiana cutleri D'Arcy 卡特勒烟草 176

◎Nicotiana debneyi Domin 迪勃纳氏烟草 177

●Nicotiana excelsior J.M.Black 高烟草 178

●Nicotiana exigua H.-M.Wheeler 稀少烟草 179

●Nicotiana fatuhivensis F.Br 法图伊文塞思烟草 226

●Nicotiana faucicola Conran & M.W.Chase 福斯克拉烟草 180
◎Nicotiana foliis cordato-crenatis 弗里斯·科尔达托·克若纳提烟草 50、51
●Nicotiana forgetiana Sander ex W.Watson 福尔吉特氏烟草 108、109
●Nicotiana forsteri Roem. & Schult 福斯特里烟草 181
●Nicotiana fragrans Hook 香烟草 98、99
●Nicotiana frigida Phil 弗里吉达烟草 228
◎Nicotiana gandarela 甘达雷拉烟草 182
●Nicotiana gascoynica M.W.Chase & Christenh 加斯科伊尼察烟草 183
●Nicotiana glauca Graham 粉蓝烟草（亦称 Tree tobacco 树烟草）21、212
●Nicotiana glutinosa L 黏烟草 63、132、133、134、135
●Nicotiana goodspeedii H.-M.Wheeler 古特斯皮德氏烟草 159
●Nicotiana gossei Domin 哥西氏烟草 184
●Nicotiana hesperis N.T.Burb 西烟草 185
●Nicotiana heterantha Kenneally and Symon 赫特阮斯烟草 186
●Nicotiana hoskingii M.W.Chase，Palsson & Christenh. 霍斯金吉烟草 233
●Nicotiana ingulba J.M.Black 因古儿巴烟草 187
●Nicotiana insecticida M.W.Chase & Christenh 伊塞克奇达烟草 234
●Nicotiana karijini M.W.Chase & Christenh. 卡里基尼烟草 235
◎Nicotiana integrilolia 矮牵牛烟草 111
●Nicotiana kawakamii Y.Ohashi 卡瓦卡米氏烟草（川上烟草）244
●Nicotiana knightiana Goodsp 奈特氏烟草 188、211
●Nicotiana langsdorffii Weinm 蓝格斯多夫烟草 91
●Nicotiana leguiana J.F.Macbr 拉哥亚那烟草 243
●Nicotiana linearis Phil 狭叶烟草 189
●Nicotiana longibracteata Phil 长苞烟草 190
●Nicotiana longiflora Cav 长花烟草 157、191
◎Nicotiana macrophylla 大叶藻烟草 192
●Nicotiana maritima H.-M.Wheeler 海滨烟草 193
●Nicotiana megalosiphon Van Heurck & Müll.Arg 特大管烟草 194、236
●Nicotiana miersii J.Rémy 摩西氏烟草 195
◎Nicotiana minor 小花烟草 57、59
◎Nicotiana Mas Minor 小花烟草 35
●Nicotiana monoschizocarpa （P.Horton） Symon & Lepschi 莫若茨左卡帕烟草 227
◎Nicotiana multivalvis 姆欧替委斯烟草 117
●Nicotiana murchisonica M.W.Chase & Christenh 默奇索尼卡烟草 237
●Nicotiana mutabilis Stehmann & Semir 姆特毕理斯烟草 196
◎Nicotiana nana 那那烟草（Rocky Mountain Tobacco 落基山烟草）119
●Nicotiana nesophila I.M.Johnst 内索菲拉烟草（岛生烟草）22、197
●Nicotiana noctiflora Hook 夜花烟草 21、95
●Nicotiana notha M.W.Chase & Christenh 诺塔烟草 238
●Nicotiana nudicaulis S.Watson 裸茎烟草 22、198
●Nicotiana obtusifolia M.Martens & Galeottii 欧布特斯烟草 22、199

●Nicotiana occidentalis H.-M.Wheeler 西方烟草 200
●Nicotiana otophora Griseb 耳状烟草 22、201
●Nicotiana paa Mart.Crov 皮阿烟草 229
◎Nicotiana palmeri 帕欧姆烟草 202
●Nicotiana paniculata L 圆锥烟草 21、75、203
●Nicotiana pauciflora J.Rémy 少花烟草 204
●Nicotiana paulineana Newbigin & P.M.Waterh 波利尼亚纳烟草 239
◎Nicotiana persica 佩尔西卡烟草（Shiraz Tobacco 西拉烟草）127
●Nicotiana petunioides （Griseb.） Millán 碧冬烟草（矮牵牛状烟草）205
●Nicotiana pila M.W.Chase & Christenh 皮拉烟草 240
●Nicotiana plumbaginifolia Viv 蓝茉莉叶烟草（Curled–leaved tobacco 卷叶烟草）206
●Nicotiana quadrivalvis Pursh 夸德瑞伍氏烟草（Missouri Tabacco 密苏里烟草）87
●Nicotiana raimondii J.F.Macbr 雷蒙德氏烟草 207
●Nicotiana repanda Willd. ex Lehm 浅波烟草（残波烟草）98
●Nicotiana rosulata （S.Moore） Domin 莲座叶烟草 208
●Nicotiana rotundifolia Lindl 圆叶烟草 209
◎Nicotiana rupicola 鲁皮科拉烟草 210
●Nicotiana rustica L 黄花烟草 22、37、39、47、49、55、69、121、131、141、156、203
●Nicotiana salina M.W.Chase，M.F.Fay & Christenh 萨利纳烟草 246
●Nicotiana sessilifolia （P.Horton） M.W.Chase & Christenh 塞瑟利弗利亚烟草 242
●Nicotiana setchellii Goodsp 赛特氏烟草 213
●Nicotiana simulans N.T.Burb 拟似烟草 214
◎Nicotiana silvestris 西尔维斯特里烟草 155
●Nicotiana solanifolia Walp 茄叶烟草 215
●Nicotiana spegazzinii Millán 斯佩格茨烟草 216
●Nicotiana stenocarpa H.-M.Wheeler 斯特若卡帕烟草 217
●Nicotiana stocktonii Brandegee 斯托克通氏烟草 218
●Nicotiana suaveolens Lehm 香甜烟草 22、148
●Nicotiana sylvestris Speg 林烟草 22、107
●Nicotiana tabacum L 普通烟草 21、39、41、43、61、62、67、71、79、81、113、115、123、125、143、149、153
●Nicotiana thyrsiflora Goodsp 蓝烟草（拟穗状烟草）219
●Nicotiana tomentosa Ruiz & Pav 绒毛烟草 75、105、220
●Nicotiana tomentosiformis Goodsp 绒毛状烟草 221
●Nicotiana truncata Symon 楚喀特烟草 241
◎Nicotiana trigonophylla 三角叶烟草 222
●Nicotiana umbratica N.T.Burb 阴生烟草 223
●Nicotiana undulata Ruiz & Pav 波叶烟草 73、77、85、89
●Nicotiana velutina H.-M.Wheeler 颤毛烟草 225
●Nicotiana walpa M.W.Chase，Dodsworth & Christenh 瓦尔帕烟草 230
●Nicotiana wigandioides Koch & Fintelm 芹

叶烟草 22、139、151
●Nicotiana wuttkei J.R.Clarkson & Symon 伍开烟草 232
●Nicotiana yandinga M.W.Chase & Christenh 洋地咖烟草 231
◎Tabac nyctage 矮牵牛花烟草 128
◎Tabac Gluant 黏烟草（我国台湾称“心叶烟”）132
◎Tabac Sauvage 黄花烟草（Aztec tobacco 阿兹特克烟草）130
◎Indian-tobacco 印第安烟草 144、145

文献与注释

LITERATURE AND ANNOTATIONS

【1】Wolfe K H, Nanolo G, Yang Y-W, Sharp P M, Li W-H, Date of the monocot-dicot divergence estimated from chloroplast DNA sequence data. *Proc Natl Acad Sci USA*, 1989, 86:6201-6205.

【2】Balabanova S, Parsche F, Pirsig W, First indication of drugs in Egyptian mummies. *Naturwissenschaften*, 1992, Vol. 79. p.358.

【3】Balabanova S, Parsche F, Bühler G, Pirsig W, Was nicotine known in Ancient Egypt? *Homo*, Vol. 44, Nr 3, 1993, p.92-94.

【4】Balabanova S, Nachweis van Nicotine im Kopfhaar von natürlich mumifizierten Körpern aus dem christlichen Sayala（Ägyptisch-Nubien）. *Antropologischer Anzieger*, Vol 52, Nr 4, 1994, p.167-174.

【5】Balabanova S, Tabak in Europa vor Kolumbus, *Antike Welt*, Vol. 25, Nr 3, 1994, p.282-285.

【6】Balabanova S, Boyuan Wei and Krämer M, First detection of nicotine in ancient population of southern China, *Homo*, Vol 46, Nr 1, 1995, p.68-75.

【7】Balabanova S et al., Nachweis von Nicotine in prähistorischen Skelettresten aus Süd-China, *Antropologischer Anzeiger: Bericht über die physisch-antropologische Literature*, Vol 54, Nr 4, 1996, p.341-354.

【8】Balabanova S et al., Nikotine und Kotinine in vorgeschichtlichen und rezenten Knochen aus Afrika und Europa und der Ursprung dieser Alkaloide, *Homo*, Vol 48, Nr 1, 1997, p.72-77.

【9】拉美西斯二世遗骸尼古丁残留的发现，开创了人类遗骸尼古丁残留的研究。此后，巴拉班诺娃基因考古学团队，陆续对世界各地远古遗址人类遗骸进行了尼古丁残留测定。拉美西斯二世（公元前 1303-1213 年），古埃及第十九王朝法老，公元前 1279-1213 年在位，享年 90-96 岁。

【10】Hintom H E, *A monograph of beetles associated with Stored Profucts*. 1945, P.1, P.267, P.272.

【11】朱弘复、王林瑶：《长沙马王堆一

号汉墓中出土的昆虫尸体》，《考古》1973年第01期，第62-64页。出土钩纹皮蠹(Dermestes ater Degeer)幼虫标本三只。一只在墓椁西室食物笥内发现，其它二只在衣服笥内发现。案：钩纹皮蠹俗称“烟草虫”。
【12】蔡爱梅：《河姆渡五叶纹陶块研究》（一），《福建农林大学学报》2006年第05期，第92-96页。
【13】蔡爱梅：《河姆渡五叶纹陶块研究》（二），载《农业考古》2006年第4期，第114-119页。
【14】国家计量总局、中国历史博物馆、故宫博物院主编:《中国古代度量衡图集》，北京：文物出版社，1981年。注：此书1981年出版8开精装本；1984年再版改为16开精装本；1985年8月，日本米士兹书房翻译出版日文版。
【15】丘光明：《中国古代度量衡标准》，《考古与文物》2002年第03期，第89-96页。
【16】丘光明:《中国古代度量衡》，北京:中国国际广播出版社，2011年。
【17】丘光明：《中国古代计量史图鉴》，合肥：合肥工业大学出版社，2005年。案：文中所附长度实验用心良苦，其以农作物黍作为实验样本，以100粒农作物黍种子作排列，无法得出出土商尺尺长15.7厘米、15.78厘米的结果，只能适应秦汉尺尺长23厘米。而烟草种子不仅可以满足商尺，也可以适应秦汉尺，甚至可以满足文献与考古文物中所涉及的所有度量衡。
【18】Cai Aimei（蔡爱梅）：A Semiotic Study of Layered Mappings of Mythic Structure—A Comparison with Lévi Strauss's “Single Myth” Structure（2012年第11届世界符号学大会“符号学理论”组英文宣读论文）。
【19】蔡爱梅：《神话分层结构的符号学研究——与列维–斯特劳斯“唯一神话”结构的比较》，载《反思、对话与运用：第11届世界符号学大会暨首届中国符号学论坛、第10届全国语言与符号学研讨会论文集》（第4卷），南京：河海大学出版社，2014年，第3-25页。
【20】蔡爱梅：《古籀·广韵·文王曾侯乙元音韵符号学系统》，2022年第二届汉语音义学研究国际学术研讨会宣读论文。
【21】苏德成、王元英、王树声等：《中国烟草栽培学》，上海：上海科学技术出版社，2005年，第1-2页。
【22】Smith, *The Genus as a Genetic Resource*. 1979.
【23】Drummond GM, Martins CS, Machado ABM,Sebaio FA, Antonini Y[Eds], *Biodiversidade em Minas Gerais: um atlas para sua conservação*, 2nd edn. Fundação Biodiversitas, Belo Horizonte, 2005, 222 pp.
【24】Jacobi CM, do Carmo FF, de Campos IC（2011）Soaring extinction threats to endemic plants in Brazilian metal-rich regions. *Ambio*, 2011, 40: 540-543.
【25】Mariana Augsten, Pablo Burkowski Meyer, Loreta B.Freitas, João A.N. Batista, João Renato Stehmann, *Nicotiana gandarela（Solanaceae）, a new species of 'tobacco' highly endangered from the Quadrilátero Ferrífero in Brazil*. https://phytokeys.pensoft.net/article/76111/（25 FEB 2022）

【26】李毅军：《我国烟草品种资源概况及研究战略》，载《中国烟草》，1995年第01期，第11-14页。第11页：我国烟草品种资源研究工作起步于解放初期，经45年的艰苦创业，目前已拥有烤烟、晒烟、白肋烟、香料烟、雪茄烟、黄花烟等六大类及烟草野生种等品种资源共3641份，使我国成为烟草资源大国。案：由文中编目表，我国引进野生烟草36种。

【27】于梅芳：《我国烟草品种资源的研究》，《作物品种资源》1986年第01期，第11-14页。该文记述了烟草资源征集整理及国外引进品种数量，性状鉴定，种质贮藏及利用研究情况：1974–1977年，烟草行业组织12个资源协作单位，编辑出版了《全国烟草品种资源目录》，收录时有烟草品种1259个，野生种16个；1984年，有关部门共同努力，完成了《中国烟草品种志》的定稿，编入烟草品种214个，烟属野生种8个。

【28】蒋予恩：《我国烟草资源概况》，《中国烟草》1988年第01期，第42-46页。第42页：目前，我国已拥有近2000份烟草品种资源。其中国内地方资源有1400多份，国外引进资源有500多份。

【29】罗成刚、杨爱国、常爱霞等：《遗传育种技术发展现状与趋势》，见《烟草科学与技术学科发展研究》，2012年。

【30】张兴伟：《中国烟草种质资源分发利用情况分析》，《植物遗传资源学报》2016年第03期，第508-516页。第508页：在1983–2014这32年中，共有2385份不同种质资源至少被分发过1次，占到库存资源总数的45.28%。

【31】王国平等：《中国烟草种质资源创新研究进展》，《种子》2017年第12期，第44-51页。第48页：野生种在长期的自然进化中，蕴藏着许多抗病、抗虫、抗逆、优质等稀有基因，加强对野生资源的引进利用对于创新突破性种质尤为重要。

【32】中国农业科学院烟草研究所、中国烟草总公司青州烟草研究所王志德、张兴伟、刘艳华主编：《中国烟草核心种质图谱》，北京：科学技术文献出版社，2014年，院士序言。

【33】法文版参阅：CLAUDE Lévi-Strauss. *Dumiel aux cendres*, Plon, 1966. P16. 中译本见：法国结构主义之父克洛德·列维-斯特劳斯著，李幼蒸总序，周昌忠译：《从蜂蜜到烟灰》，北京：中国人民大学出版社，2007年，第11-12页。

【34】林恩哈特·法奇（Leonhart Fuchs），1522年研究手稿。林恩哈特·法奇有关植物方面研究的大部分手稿，收藏于德国蒂宾根（Tübingen）大学。

【35】蓝伯特·多东斯（Rembert Dodoens）、查尔斯·勒克鲁斯（Charles de l'Écluse），1554年出版的*Cruijdeboeck*。书中几种烟草均被称为雅辛托斯（Hyacinthus Luteus）。

【36】尼古拉·鲍蒂斯塔·莫纳德斯（Nicolás Bautista Monardes），1580年出版的英文版*Joyful News out of the Newe Founde World*（来自新大陆的趣闻）。

【37】皮埃尔·佩纳（Pierre Pena fl）、马蒂阿斯·德·罗贝尔（Matthias de L'Obel），1571年在英国伦敦出版的拉丁语著作*Stripium adversaria Nova*（新草药手记）。

【38】后人编撰的卡斯帕·伯根（Caspar

Bauhin）等人的资料，1731 年出版的 *Kräuter buch*（新草药全书），第 687-698 页。
【39】普米尔·查尔斯（Plumier Charles）原稿，后由波尔曼·约翰内斯（Burman Johannes）整理，1755-1760 年代，在荷兰阿姆斯特丹出版的 *Plantarum Americanarum Fasciculus Primus*（美洲植物源）。
【40】约瑟夫·皮顿·图内福尔（Joseph Pitton de Tournefort），1700-1703 年间，在法国巴黎出版的 *Institutiones Rei Herbaricæ*（植物园）第 2 卷。
【41】威廉·塞蒙（William Salmon），1710 年出版的 *Botanologia, The English Herbal, or, History of Plants*（植物学， 英国草药及植物史）。
【42】伊丽莎白·布莱克韦尔（Elizabeth Blackwell），1737-1739 年间出版的 *A Curious Herbal*（神奇草药）。
【43】伊丽莎白·布莱克韦尔（Elizabeth Blackwell），1737-1739 年间以拉丁文出版的 *Collectio Stirpivm*（植物集）。
【44】吴征镒：《中国植物志》，北京：科学出版社，2004 年，第 150 页。
【45】瑞典国家自然博物馆林奈·卡尔·冯植物标本馆藏普通烟草。
【46】瑞典国家自然博物馆林奈·卡尔·冯植物标本馆藏黏烟草。
【47】佩特鲁斯·坎波（Petrus Camper）、林奈·卡尔·冯（Linné Carl von），1749 年主编并出版的 *Amoenitates Academicæ*（学术成就）。
【48】约翰内斯·佐恩（Johannes Zorn），1779-1784 年间，在纽伦堡出版的 *Icones Plantarum Medicinalium*（药用植物图鉴）。
【49】约翰内斯·佐恩（Johannes Zorn），1779-1784 年间，在纽伦堡出版的 *Icones Plantarum Medicinalium*（药用植物图鉴）。
【50】英国植物学家、林奈学会创始人詹姆斯·爱德华·史密斯（James Edward Smith），1797 年在英国伦敦出版的著作 *Histoire Naturelle*（自然历史）第 1 卷。
【51】何塞·安东尼·帕翁（José Antonio Pavón），1798-1802 年间出版的 *Flora Peruviana, et Chilensis*（秘鲁、智利植物集）。
【52】法国植物学家艾蒂安·皮埃尔·文森奈特(Étienne Pierre Ventenat），1802-1803 年间出版的 *Jardin de La Malmaison*（马尔马松花园）。
【53】 威 廉· 伍 德 维 尔(William Woodville)，
1832 年在英国伦敦出版的著作 *Medical Botany*（医用植物学）第 1 卷。
【54】威廉·伍德维尔（William Woodville），1832 年在英国伦敦出版的著作 *Medical Botany*（医用植物学）第 2 卷。
【55】尼古拉·约瑟夫·弗莱歇尔·冯·雅克（Nikolaus Joseph Freiherr von Jacquin），1809 年在奥地利维也纳出版的著作 *Fragmenta Botanica*（植物集萃）。
【56】*Curtis's Botanical Magazine*（柯蒂斯植物学杂志）第 43 卷。
【57】*Curtis's Botanical Magazine*（柯蒂斯植物学杂志）第 17 卷。
【58】*Curtis's Botanical Magazine*（柯蒂斯植物学杂志）第 48 卷。
【59】*Curtis's Botanical Magazine*（柯蒂斯植物学杂志）第 51 卷。
【60】*Curtis's Botanical Magazine*（柯蒂斯

植物学杂志）第 54 卷。

【61】*Curtis's Botanical Magazine*（柯蒂斯植物学杂志）第 56 卷。

【62】*Curtis's Botanical Magazine*（柯蒂斯植物学杂志）第 81 卷。

【63】达尔文·查尔斯·罗伯特（Darwin Charles Robert），1859 年出版的 *The Origin of Species*（物种起源）。本书引自再版本：Charles Darwin. *The Origin of Species*, Gramercy. 1995.

【64】蔡爱梅制图。

【65】*Curtis's Botanical Magazine*（柯蒂斯植物学杂志）第 102 卷。

【66】*Curtis's Botanical Magazine*（柯蒂斯植物学杂志）第 118 卷。

【67】*Curtis's Botanical Magazine*（柯蒂斯植物学杂志）第 125 卷。

【68】*Curtis's Botanical Magazine*（柯蒂斯植物学杂志）第 131 卷。

【69】*Curtis's Botanical Magazine*（柯蒂斯植物学杂志）第 114 卷。

【70】维兹·费迪南德·伯恩哈德（Vietz Ferdinand Bernhard），1804 年出版的 *Icones Plantarum Medico Oeconomico Technologicarum*（药用植物图谱）。

【71】雅各布·比奇洛（Jacob Bigelow），1817-1820 年间出版的 *American Medical Botany*（美国药用植物）。

【72】西德纳姆·提斯特·爱德华兹（Sydenham Teast Edwards）原稿，杰姆斯·瑞奇威（James Ridgway）编撰，于 1827 年在伦敦出版的 *The Botanical Register*（植物集）第 13 卷。

【73】西德纳姆·提斯特·爱德华兹（Sydenham Teast Edwards）原稿，杰姆斯·瑞奇威（*James Ridgway*）编撰，于 1827 年在伦敦出版的 *The Botanical Register*（植物集）第 10 卷。

【74】约瑟夫·罗克（Joseph Roques），1821 年出版的 *Phytographie Medicale*（药用图谱）。

【75】米歇尔·艾蒂安·第斯科提斯（Michel Etienne Descourtilz），1821-1829 年间在法国巴黎出版的 *Flora Pittoresque*（植物图谱）第 6 卷。

【76】丹尼尔·瓦格纳（Dániel Wágner），1828-1830 年间，在维也纳出版的 *Pharmaceutisch Medicinische Botanik*（药用植物学）。

【77】约翰·林德利（John Lindley），1833 年出版的 *Edwards's Botanical Register*（爱德华兹植物集）第 19 卷。

【78】让·亨利·若姆·圣·希莱尔（Jean Henri Jaume Saint Hilaire），1833 年出版的 *La Flore et La Pomone Françaises*（法国波蒙植物集）。

【79】查尔斯·安东尼·勒梅尔（Charles Antoine Lemaire）主编，1856 年出版的 *Flore des Serres et des Jardins de L'Europe*（欧洲温室和花园植物）第 11 卷。

【80】塞里诺·沃森（Sereno Watson），1871 年在美国华盛顿出版的 Botany（植物学）。

【81】比利时植物学家查尔斯·弗朗索瓦·安托万·莫伦·查尔斯·雅克·爱德华·莫伦父子 1873 年出版的 *La Belgique Horticole, Journal des Jardins et des Vergers Founded*（比利时园艺，花园和果园杂志）第 23 卷。

【82】赫尔曼·阿道夫·科勒（Hermann Adolf Köhler）原稿，由德国植物学家古斯

塔夫·帕布斯特（Gustav Pabst）编撰出版的*Köhler's Medicinal Plants*（科勒药用植物）第1卷。

【83】赫尔曼·阿道夫·科勒（Hermann Adolf Köhler）原稿，后由德国植物学家古斯塔夫·帕布斯特（Gustav Pabst）编撰出版的*Köhler's Medicinal Plants*（科勒药用植物）第1卷。

【84】赫尔曼·阿道夫·科勒（Hermann Adolf Köhler）原稿，后由德国植物学家古斯塔夫·帕布斯特（Gustav Pabst）编撰出版的*Köhler's Medicinal Plants*（科勒药用植物）第2卷。

【85】1884年代出版于英国伦敦的*The Illustrated Dictionary of Gardening*（图解园艺词典）第450-451页。

【86】查尔斯·弗雷德里克·米尔斯波（Charles Frederick Millspaugh），1892年出版的*Medicinal Plants*（药用植物）。

【87】1904年出版的*Bulletin de la Societe Botanique de France*（法国植物学会通讯）第51卷第222页。

【88】美国植物学家和分类学家纳撒尼尔·劳德·布里顿（Nathaniel Lord Britton），1913年出版的*An Illustrated Flora of The Northern United States, Canada and The British Possessions*（北美，加拿大及英联邦所属区植物图典）。

【89】蔡爱梅制图。

【90】Speg. In: *Anal. Soc. Ci. Argentina*. 53: 176，et Nov. Add. Fl. Patag. 2:，repr. 56.（1902）.

【91】Merxm. In: *Mitt. Bot.Staatssamml. München*. 12: 93.（1975）.

【92】Link & Otto. In: *Icon. Pl. Rar. Horti Bot. Berol*. 63.（1830）.

【93】Speg. In: *Anal. Soc. Ci. Argentina*. 53: 177，et Nov. Add. Fl. Patag. 2:，repr. 57.（1902）.

【94】N. T. Burb. In: *Australia Journ. Bot*. 8: 359.（1960）.

【95】Goodsp. In: *Proc. Calif. Acad. Sci.*，Ser. 4， 25: 297.（1944）.

【96】Goodsp. In: *Univ. Calif. Publ. Bot*. 18: 137.（1938）.

【97】Domin. In: *Biblioth.Bot*.89: 591.（1929）.

【98】Lehm. In: Nicot. 27.（1818）.

【99】Symon. In: *J. Adelaide Bot. Gard.*，7（1）: 117.（1984）.

【100】N. T. Burb. In: *Australia Journ. Bot*. 8: 354.（1960）.

【101】A. Gray. In: *Syn. Fl. N. Am*. 2: I. 242.（1878）.

【102】*Bot. Zeitung*（Berlin）14: 646（1856）.

【103】J. Rémy. In: *Gay*，*Fl. Chil*. 5: 57.（1849）.

【104】D' Arcy. In: *Ann. Missouri Bot. Gard.*，63（2）: 365.（1977）.

【105】Domin. In: *Biblioth. Bot*. 89: 593.（1929）.

【106】J. M. Black. In: *Trans. & Proc. Roy. Soc. S. Australia*，50: 286.（1926）.

【107】Univ. Calif Publ. Bot. 18: 64.（1935）.

【108】Conran & M. W. Chase. In: *Bot. Mag.*（Kew Mag.）35（3）: 254.（2018）.

【109】Hort. Sand. ex Hemsl. In: *Bot. Mag*. t.

8006.（1905）.
【110】Mariana Augsten，Pablo Burkowski Meyer， Loreta B. Freitas，João A. N. Batista，João Renato Stehmann，Nicotiana gandarela （Solanaceae）， a new species of 'tobacco' highly endangered from the Quadrilátero Ferrífero in Brazil.（25 FEB 2022）。
https://phytokeys.pensoft.net/article/76111/
【111】M. W. Chase & Christenh. In: Bot. Mag.（Kew Mag.）35（3）: 246.（2018）.
【112】Domin. In: *Biblioth. Bot.* 89: 592.（1929）.
【113】N. T. Burb. In: *Australia Journ. Bot.* 8: 361. （1960）.
【114】Symon & Kenneally. In: *Nuytsia*. 9（3）: 421.（1994）.
【115】J. M. Black. In: *Trans. & Proc. Roy. Soc. S. Australia*，57: 156.（1933）.
【116】Goodsp. In: Univ. *Calif. Publ. Bot.* 18: 139. （1938）.
【117】Phil. In: *Anal. Univ. Chil.* 90: 766.（1895）.
【118】Phil. In: *Anal. Mus. nac. Chile* 62.（1891）.
【119】Cav. In: *Descr.* 106.（1802）.
【120】Spreng. In: *Ind. Hort. Hal.* 45.（1807）.
【121】Wheeler. In: *Univ. Calif. Publ. Bot.* 18: 56. （1935）.
【122】Observ. Bot. Descript. Pl. Nov. Herb. *Van Heurckiani* 2: 126.（1871）.
【123】J. Rémy. In: *Gay*，*Fl. Chil.* 5: 56.（1849）.
【124】Stehmann & Semir. In: *Kew Bull.* 57（3）: 639.（2002）.
【125】I. M. Johnst. In: Proc. *Calif. Acad. Sc. Ser.* IV. 20: 93.（1931）.
【126】S. Watson. In: Proc. *Amer. Acad. Arts* 18: 128. （1883）.
【127】M. Martens & Galeotti. In: *Bull. Acad. Brux.* 12（1）: 129.（1845）.
【128】*Univ. Calif. Publ. Bot.* 18: 52 （1935）.
【129】Griseb. In: *Goett. Abh.* 24: 243.（1879）.
【130】A. Gray. In: *Syn. Fl. N. Am.* 2: I. 242.（1878）.
【131】Linné. In: *Sp.* Pl. 180.（1753）.
【132】J. Rémy. In: *Gay*，*Fl. Chil.* 5: 52.（1849）.
【133】Millán. In: Rev. Fac. *Agron. & Vet.*，*Buenos Aires*，6: 191.（1928）.
【134】Viv. In: *Elench. Pl. Hort. Dinegro*，26. t. 5.（1802）.
【135】Willd. ex Lehm. In: *Nicot*. 40. t. 3.（1818）.
【136】*Biblioth. Bot.* 22（89）: 592 （1929）.
【137】Lindl. In: *Bot. Reg. Misc.* 59.（1838）.
【138】Santilli L， Pérez F， Schrevel C， Dandois P， Mondaca H， Lavandero N. Nicotiana rupicola sp. nov. and Nicotiana knightiana， a new endemic and a new record for the flora of Chile. *PhytoKeys* 188:83-103.（2022）.
【139】Santilli L， Pérez F， Schrevel C， Dandois P， Mondaca H， Lavandero N. Nicotiana rupicola sp. nov. and Nicotiana knightiana， a new endemic and a new record

for the flora of Chile. *PhytoKeys* 188:83-103.（2022）.
【140】Graham. In: *Edinb. New Philos. Jour.* 5: 175.（1828）.
【141】Goodsp. In: *Univ. Calif. Publ. Bot.* 18: 195, et *Bol. Mus. Hist. Nat. 'Javier Prado'*, *Lima* 4: 306.（1941）.
【142】N. T. Burb. In: *Australia Journ. Bot.* 8: 365.（1960）.
【143】Walp. In: *Rep.* 3: 12.（1844）.
【144】Millán. In: *Physis*, 8: 411.（1926）.
【145】*Univ. Calif. Publ. Bot.* 18（4）: 61.（1935）.
【146】Brandegee. In: *Erythea* 7: 6.（1899）.
【147】Goodsp. In: Univ. *Calif. Publ. Bot.* 18: 138.（1938）.
【148】Ruiz & Pav. In: *Fl. Per.* 2: 16.（1799）.
【149】Goodsp. In: *Bot. Gaz.*, 93: 340, 341, et *Ortenia*, 309[1932].（1933）.
【150】Dunal. In: *DC. Prod.* 13（1）: 562.（1852）.
【151】N. T. Burb. In: *Australia Journ. Bot.* 8: 352.（1960）.
【152】L. B. Sm. & Downs. In: *Phytologia*, 10: 438.（1964）.
【153】Wheeler. In: *Univ. Calif. Publ. Bot.* 18: 55.（1935）.
【154】F. Br. In: *Bull. Bishop Mus.*, *Honolulu*, No. 130, 261.（1935）.
【155】Symon, Lepschi. In: *J. Adelaide Bot. Gard.*（2007）.
【156】*Fl. Atacam.*: 41（1860）.
【157】Mart. Crov. In: *Bonplandia*, 5（2）: 7, nom. nov.（1978）.
【158】*Bot. Mag.* 38: 305（2021）.
【159】M. W. Chase & Christenh. In: *Bot. Mag.*（Kew Mag.）35（3）: 238.（2018）.
【160】J. R. Clarkson & Symon. In: *Austrobaileya*, 3（3）: 389.（1991）.
【161】*Bot. Mag.* 38: 370（2021）.
【162】*Bot. Mag.* 38: 361（2021）.
【163】*Bot. Mag.*（Kew Mag.）35: 234（2018）.
【164】*Bot. Mag.* 38: 383（2021）.
【165】*Bot. Mag.* 38: 390（2021）.
【166】*Bot. Mag.* 38: 348（2021）.
【167】*Austral. Syst. Bot.* 34: 482（2021）.
【168】*Bot. Mag.* 38: 401（2021）.
【169】*Bot. Gard.*, 18（1）: 1.（1998）.
【170】*Bot. Mag.* 38: 426.（2021）. 案：1981年，菲利浦·霍顿（Philippa Horton）当时认为，塞瑟利弗利亚烟草（Nicotiana sessilifolia）是特大管烟草的亚种（Nicotiana megalosiphon subsp. Sessilifolia）。参见 Philippa Horton. A Taxonomic Revision of Nicotiana（Solanaceae）in Australia. *Journal of the Adelaide Botanic Gardens*, 29 April, 1981, Vol. 3, No. 1, p1−56.
【171】J. F. Macbr. In: Publ. Field *Mus. Nat. Hist. Chicago*, *Bot.* Ser. 8: 105.（1930）.
【172】Iwata Tabak. *Shik. Hok.* 17: 59（1985）. 卡瓦卡米氏烟草原产于玻利维亚中部，生长在沙漠或干灌木群中。
【173】T. Moore. In: *Gard. Chron.* II. 141, 271.（1881）. 案：《中国烟草核心种质图谱》目录 471，图 436 收录此烟草。该书注其为引进种，没有中译名。经查询国外资料：菲尼斯烟草（Nicotiana affinis）与花

烟草（Nicotiana alata）同种异名。

【174】*Bot. Mag*. 38: 422（2021）.

【175】Adam N, Kellenbach M, Meldau S, Veit D, van Dam NM, Baldwin IT, Schuman MC Functional variation in a key defense gene structures herbivore communities and alters plant performance. *PLoS ONE*（2018）13（6）: e0197221.

【176】Aigner PA, Scott PF.Use and pollination of a hawkmoth plant, Nicotiana attenuata, by migrant hummingbirds. *Southwestern Nat*（2002）47:1–11.

【177】Aoki S, Ito M. Molecular phylogeny of Nicotiana（Solanaceae）based on nucleotide sequence of the matK gene. *Plant Biol*（2000）2:316–324.

【178】Bombarely A, Rosli AG, Vrebelov J, Moffett P, Mueller LA, Martin GB. Draft genome sequence of Nicotiana benthamiana to enhance molecular plant-microbe biology research. *Mol Plant Microbe Interact*（2012）25:1523–1530.

【179】Burbidge NT. The phytogeogeography of the Australian region. *Aust J Bot*（1960）8:75–209.

【180】Chase MW, Christenhusz MJM. Conran JG,Dodsworth S, Medeiros Nollet, de Assis F, Felix LP,Fay MF. Unexpected diversity of Australian tobacco species（Nicotiana section Suaveolentes, Solanaceae）. *Curtis' Bot Mag*（2018a）35:212–227.

【181】Chase MW, Christenhusz MJM. 885. Nicotiana gascoynica. *Curtis' Bot Mag*（2018b）35:245–252.

【182】Chase MW, Christenhusz MJM. 887. Nicotiana excelsior. *Curtis' Bot Mag*（2018c）35:261–268.

【183】Chase MW, Christenhusz MJM. 888. Nicotiana gossei. *Curtis' Bot Mag*（2018d）35:269–277.

【184】Chase MW, Christenhusz MJM. 889. Nicotiana umbratica. *Curtis' Bot Mag*（2018e）35:278–294.

【185】Chase MW, Christenhusz MJM. 890. Nicotiana benthamiana. *Curtis' Bot Mag*（2018f）35:286–285.

【186】Chase MW, Christenhusz MJM 891. Nicotiana occidentalis subsp. obliqua. *Curtis' Bot Mag*（2018g）35:295–303.

【187】Chase MW, Christenhusz MJM894. Nicotiana stenocarpa. *Curtis' Bot Mag*（2018h）35:319–327.

【188】Chase MW, Knapp S, Cox AV, Clarkson J, Butsko Y, Joseph J, Savolainen V, Parokonny AS. Molecular systematics, GISH and the origin of hybrid taxa in Nicotiana（Solanaceae）. *Annals of Botany*（2003）92:107–127.

【189】Clarkson JR, Symon DE. Nicotiana wuttkei（Solanaceae）, a new species from north-eastern Queensland with an unusual chromosome number.*Austrobaileya*（1991）3:389–392.

【190】Clarkson JJ, Knapp S, Garcia VF, Olmstead RG,Leitch AR, Chase MW. Phylogenetic relationships in Nicotiana（Solanaceae）inferred from multiple plastid DNA regions. *Mol Phylogenet Evol*（2004）

33:75–90.

【191】Clarkson JJ, Lim KY, Kovarik A, Chase MW, Knapp S,Leitch AR. Long-term genome diploidization in allopolyploid Nicotiana section Repandae （Solanaceae）. *New Phytol* （2005）168:241–252.

【192】Clarkson JJ, Kelly LJ, Leitch AR, Knapp S, Chase MW. Nuclear glutamine synthetase evolution in Nicotiana: phylogenetics and the origins of allotetraploid and homoploid（diploid）hybrids. *Mol Phylogenet Evol* （2009）55:99–112.

【193】Clarkson JJ, Dodsworth S, Chase MW. Time-calibrated phylogenetic trees establish a lag between polyploidisation and diversification in Nicotiana （Solanaceae）. *Plant Syst Evol* （2017）303:1001–1012.

【194】Cocucci AA. Nicotiana. In: Anton AM, Zuloaga FO（eds）, Barboza GE（coord.）Flora Argentina, Solanaceae, vol 13. IOBDA-IMBIV, CONICET: *Buenos Aires & Córdoba, Argentina,*（2013）:75–89.

【195】Dupin J, Matzke NJ, Särkinen T, Knapp S, Olmstead RG, Bohs L, Smith SD, Bayesian estimation of the global biogeographical history of the Solanaceae. *Journal of Biogeography,* （2017) 44: 887-899.

【196】Clarkson JJ，Lim KY，Kovarik A，Chase MW，Knapp S，Leitch AR. Long-term genome diploidization in allopolyploid Nicotiana section Repandae （Solanaceae）. *New Phytol*（2005）168:241–252.

【197】Clarkson JJ， Kelly LJ， Leitch AR， Knapp S， Chase MW. Nuclear glutamine synthetase evolution in Nicotiana: phylogenetics and the origins of allotetraploid and homoploid（diploid） hybrids. Mol *Phylogenet Evol* （2009） 55:99–112.

【198】Clarkson JJ， Dodsworth S， Chase MW. Timecalibrated phylogenetic trees establish a lag between polyploidisation and diversification in Nicotiana （Solanaceae）. *Plant Syst Evol* （2017） 303:1001–1012.

【199】D’Arcy WG. New names and taxa in the Solanaceae. *Ann Mo Bot Gard* （1977） 63:363–369.

【200】Dodsworth S.*Genome skimming for phylogenomics*. PhD thesis， Queen Mary University of London，London.2015.

【201】Dodsworth S，Chase MW，Leitch AR. Is postpolyploidization diploidization the key to the evolutionary success of angiosperms? *Bot J Linn Soc*（2016）180:1–5.

【202】Dodsworth S， Jang T-S，Chase Struebig M，Weiss-Scheeweiss MW，Leitch AR. Genome wide repeat dynamics reflect phylogenetic distance in closely related allotetraploid Nicotiana （Solanaceae）. *Plant Syst Evol* （2017） 303:1013–1020 .

【203】Fernie A，Usadel B. The Nicotiana glauca genome. In: Ivanov NV et al（eds）， The tobacco genome. *Compendium of plant genomes*，vol 20. Springer，Berlin，（2020） 30.

【204】Goodspeed TH.Studies in Nicotiana: III. A taxonomic organization of the genus. *Univ Calif Publ Bot*（1945）18:335–344.

【205】Goodspeed TH .*The genus Nicotiana.* Chronica Botanica, Waltham（1954）.

【206】Haverkamp A， Hansson BS， Baldwin IT， Knaden M， Yon F. Floral trait variations among wild tobacco populations influence the foraging behaviour of hawkmoth pollinators. *Front Ecol Evol*（2018）6:19 .

【207】Hunziker AT. *Genera Solanacearum.* ARG Gantner Verlag，Rügen. 2001.

【208】Kaczorowski RL，Gardener MC， Holtsford TP. Nectar traits in Nicotiana sect. Alatae （Solanaceae） in relation to floral traits， pollinators， and mating system. *Am J Bot*（2005）92:1270–1283.

【209】Kelly LJ，Leitch AR，Clarkson JJ， Hunter RB，Knapp S，Chase MW. Intragenic recombination events and evidence for hybrid speciation in Nicotiana （Solanaceae）. *Mol Biol Evol*（2010） 27:781–799.

【210】Kelly LJ，Leitch AR，Clarkson JJ，Knapp S，Chase MW. Reconstructing the complex evolutionary origin of wild allopolyploid tobaccos （Nicotiana section Suaveolentes）. *Evolution* （2013）76:80–94.

【211】Kenton A， Parokonny AS， Gleba YY， Bennett MD. Characterization of the Nicotiana tabacum L. genome by molecular cytogenetics. *Mol Gen Genet* （1993） 240:159–169.

【212】Kessler A, Baldwin IT. Defensive function of herbivore-induced plant volatile emissions in nature.*Science* （2001） 291:2141–2144.

【213】Kessler D，Baldwin IT. Making sense of nectar scents: the effects of nectar secondary metabolites on floral visitors of Nicotiana attenuata. *Plant J* （2007）49（5）:840–854.

【214】Kessler D，Gase K，Baldwin IT. Field experiments with transformed plants reveal the sense of floral scents. *Science* （2008） 321:1200–1202.

【215】Kessler D，Diezel C，Baldwin IT. Changing pollinators as a means of escaping herbivores. *Curr Biol*（2010）20:237–242.

【216】Kessler D，Kallenbach M，Diezel C，Rothe E，Mardock M，Baldwin IT. How scent and nectar influence flora antagonists and mutalists. *eLife*（2015）4:e07641.

【217】Knapp S，Chase MW，Clarkson JJ. Nomenclatural changes and a new sectional classification in Nicotiana （Solanaceae）. *Taxon*（2004）53:73–82.

【218】Knapp S. Biodiversity（Solanaceae） of Nicotiana. The Tobacco Plant Genome . *Taxon*（2020） 21: 21–41.

【219】Kovarik A，Matyasek R，Lim KY，Skalická K，Koukalová B，Knapp S，Chase M，Leitch AR. Concerted evolution of 18-5.8-26S rDNA repeats in Nicotiana allotetraploids. *Biol J Linn Soc* （2004） 82（4）:615–625.

【220】Ladiges PY，Marks CE，Nelson G. Biogeography of Nicotiana section Suaveolentes （Solanaceae） reveals geographical tracks in arid Australia. *J*

Biogeogr （2011）38:2066–2077.

【221】Leitch IJ，Bennett MD. Genome downsizing in polyploid plants. *Biol J Linn Soc* （2004）82（4）:651–663.

【222】Leitch IL， Hanson L， Lim YK， Kovarik A， Clarkson JJ， Chase MW， Leitch AR . The ups and downs of genome size evolution in polyploid species of Nicotiana （Solanaceae）. *Ann Bot* （2008）101:805–814.

【223】Lim KY，Matyasek R，Kovarik A，Leitch AR. Genome evolution in allotetraploid Nicotiana. *Biol J Lin Soc* （2004）82:599–606.

【224】Lim KY，Kovarik A，Matyasek R，Chase MW，Knapp S，McCarthy E，Clarkson JJ， Leitch AR. Comparative genomics and repetitive sequence divergence in the species of diploid Nicotiana section Alatae. *Plant J* （2006）48:907–919.

【225】Lim KY，Kovarik A，Matyasek R，Chase MW，Clarkson JJ，Grandbastien MA，Leitch AR. Sequence of events leading to near-complete genome turnover in allopolyploid Nicotiana within five million years. *New Phytol* （2007）175:756–763.

【226】Macbride JF. Spermatophytes，mostly Peruvian. 3. Peruvian Solanaceae. Publ *Field Mus Nat Hist Bot Ser* （1930）8（2）:105–112.

【227】McCarthy EW，Arnold SEJ，Chittka L， LeComber SC，Verity R，Dodsworth S， Knapp S，Lj Kelly，Chase MW，Baldwin IT， Kovarik A，Mhiri C，Taylor L，Leitch AR. The effect of polyploidy and hybridization on the evolution of flower colour in Nicotiana （Solanaceae）. *Ann Bot* （2015）115:1117–1131.

【228】McCarthy EW，Chase MW，Knapp S，Litt A，Leitch AR，LeComber SC. Transgressive phenotypes and generalist pollination in the floral evolution of Nicotiana polyploids. Nat Plants 2016:119.

【229】McCarthy EW，Landis JB，Kurti A， Lawhorn AJ，Chase MW，Knapp S，Le Comber SC，Leitch AR，Litt A . Early consequences of allopolyploidy alter floral evolution in Nicotiana （Solanaceae）. *BMC Plant Biol* .2019.

【230】Merxmüller H，Butler KP. Nicotiana in der Afrikanischen Namib-ein Pflanzengeographisches und Phylogenetisches Ratsel. *Mitteilungen aus der Botanischen Staatssammlung München* （1975）12:91–104.

【231】Nattero J，Cocucci AA. Geographical variation in floral traits of the tree tobacco in relation to its hummingbird pollinator fauna. *Biol J Lin Soc*（2007）90:657–667.

【232】Navarro-Quezada A，Gase K，Singh RK， Pandey SP，Baldwin IT. Nicotiana attenuata Genome RevealsGenes in the Molecular MachineryBehind Remarkable AdaptivePhenotypic Plasticity. In: Ivanov et al.（eds）The Tobacco Plant Genome. *Springer Nature*，*Switzerland*， （2020）209–227.

【233】Ohashi Y. Thremmatological

studies of wild species related to Nicotiana tabacum, with special reference to disease resistance. *Iwata Tabako Shikenjo Hokoku* (Bull Iwata Tob Exp Station) (1985) 17:1–67.

【234】Olmstead RG, Palmer JD. Achloroplast DNA phylogeny of the Solanaceae: subfamilial relationships and character evolution. *Ann Mo Bot Gard* (1992) 79:249–265.

【235】Olmstead RG, Sweere JA. Combining data in phylogenetic systematics: an empirical approach using three molecular data sets in Solanaceae. *Syst Biol* (1994) 43:467–481.

【236】Olmstead RG, Sweere JA, Spangler RE, Bohs L, Palmer JD. Phylogeny and provisional classification of the Solanaceae based on chloroplast DNA data. In: Nee M, Symon DE, Lester RN, Jessop JP (eds), Solanaceae IV: advances in biology and utilization. *Royal Botanic Gardens, Kew*, (1999) 111–137.

【237】Olmstead RG, Bohs L, Migid HA, Santiago-Valentín E, Garcia VF, Collier SM. A molecular phylogeny of the Solanaceae. *Taxon* (2008) 57:1159–1181.

【238】Purdie RW, Symon DE, Haegi L. Nicotiana. In: *George AS (ed) Flora of Australia*, vol 29. Australian Government Publishing Service, Canberra, (1982) 38–57.

【239】Särkinen T, Bohs L, Olmstead RG, Knapp S. A phylogenetic framework for evolutionary study of the nightshades (Solanaceae): a dated 1000-tip tree. BMC *Evol Biol* (2013) 13:214.

【240】Sierro N, Battey JND, Ouadi S, Bovet L, Goepfert S, Bakaher N, Peitsch MC, Ivanov NV. Reference genomes and transcriptomes of Nicotiana sylvestris and Nicotiana tomentosiformis. *Genome Biol* (2013) 14:R60.

【241】Skalicka K, Lim Y, Matyasek R, Matzka M, Leitch A, Kovarik A. Preferential elimination of repeated DNA sequences from the paternal N. tomentosiformis genome donor of a synthetic allotetraploid tobacco. *New Phytol* (2005) 166:291–303.

【242】Smith LB, Downs RJ. Notes on the Solanaceae of southern Brazil. *Phytologia* (1964) 10:422–453.

【243】Stehmann JR, Semir J, Ippolito A. Nicotiana mutabilis (Solanaceae), a new species from southern Brazil. *Kew Bull* (2002) 57:639–646.

【244】Symon DE. A new species of Nicotiana (Solanaceae) from Dalhousie Springs (South Australia). *J Adelaide Bot Gard* (1984) 7:117–121.

【245】Symon DE, Kenneally KF. A new species of Nicotiana (Solanaceae) from near Broome, Western Australia. *Nuytsia* (1994) 9:421–425.

【246】Symon DE, Lepschi BJ. A new status in Nicotiana (Solanaceae): N. monoschizocarpa (P.Horton) Symon & Lepschi. *J Adelaide Bot Gard* (2007) 21:92.

【247】Wagner WL, Lorence DH. (2002) Flora of the Marquesas Islands website.

http://botany.si.edu/pacificislandbiodiversity/marquesasflora/index.htm.

【248】Williams E. A new chromosome number in the Australian species Nicotiana cavicola L.（Burbidge）. N Z J Bot（1975）13:811-812.

【249】许美玲、李永平：《烟草种质资源图鉴》（上下），北京：科学出版社，2009年。案：该书采用野生烟草66种之说，收录野生烟草21份。

【250】王仁刚、王云鹏、任学良：《烟属植物学分类研究新进展》，载《中国烟草学报》，2010年第02期，第84-90页。案：该文据（Knapp S 2044）采用野生烟草76种之说。

【251】中国农业科学院烟草研究所、中国烟草总公司青州烟草研究所王志德、张兴伟、刘艳华主编：《中国烟草核心种质图谱》，北京：科学技术文献出版社，2014年。案：该书采用野生烟草66种之说，收录野生烟草35份。